Kira Knechtel

Rollenspiele als Element von Ernährungsberatung in Gruppen

GRIN Verlag

Bibliografische Information der Deutschen Nationalbibliothek:

Die Deutsche Bibliothek verzeichnet diese Publikation in der Deutschen Nationalbibliografie; detaillierte bibliografische Daten sind im Internet über http://dnb.d-nb.de/ abrufbar.

Impressum:

Druck und Bindung: Books on Demand GmbH, Norderstedt Germany
ISBN: 978-3-656-29281-4

Dieses Buch bei GRIN:

http://www.grin.com/de/e-book/202666/rollenspiele-als-element-von-ernaehrungs-beratung-in-gruppen

Justus- Liebig- Universität

Fachbereich 09
Agrarwissenschaften, Oecotrophologie, Umweltmanagement

Institut für Agrarsoziologie und Beratungswesen

Bachelorarbeit

Thema

Rollenspiele als Element von Ernährungsberatung in Gruppen

Studiengang
Oecotrophologie

vorgelegt von:

Kira- Amelie Knechtel

Friedberg, 28.10.2011

Inhaltsverzeichnis Seite

Abbildungsverzeichnis **Seite**

Abkürzungsverzeichnis

Abb.	Abbildung
bspw.	beispielsweise
ebd.	ebenda
e.V.	eingetragener Verein
et al.	et alii (und andere)
f.	folgende (Seite)
ff.	fortfolgende (Seiten)
Hrsg.	HerausgeberIn
QUETHEB	Institut für Qualitätssicherung in der Ernährungstherapie und Ernährungsberatung
S.	Seite
TZI	themenzentrierte Interaktion
vgl.	vergleiche
z.B.	zum Beispiel

1 Einleitung

Häufig werden Menschen überraschend mit neuartigen und komplexen Ernährungsproblemen konfrontiert (vgl. Diedrichsen 1993, S. 48). Bei der Ernährungsberatung ist es wichtig zielgruppenorientiert vorzugehen und dabei den Lebenskontext der Betroffenen zu berücksichtigen. Am besten eignen sich Menschen ein dauerhaft gesundheitsbewusstes Ernährungsverhalten durch soziales Lernen an. Eine Möglichkeit hierzu stellen Institutionen von Gesprächsgruppen in Verbindung mit handlungsorientierter Ernährungsberatung dar. Dabei sollten Lösungswege für Ernährungsprobleme gemeinsam erarbeitet, praktisch eingeübt und erprobt werden. In der Realität steht jedoch noch zu sehr eine abstrakte Vermittlung von ernährungswissenschaftlichen Erkenntnissen sowie die Erteilung von Ratschlägen im Vordergrund (ebd. S. 2). Allerdings führt eine ausschließlich auf Wissensvermittlung ausgerichtete Beratung zu keiner Verhaltensänderung, da Wissen allein nicht automatisch eine gesunde Ernährung nach sich zieht (Merkle, Knopf 2005, S. 23). Die Bevölkerung reagiert auf Belehrungen oder Bevormundungen mit Desinteresse oder Kritik. (vgl. Diedrichsen 1993, S. 2). Ebenso scheitert Ernährungskommunikation prinzipiell, da der Berater und der Ratsuchende ein anderes Bild von Ernährung haben und aneinander vorbeireden. Der Experte spricht von Ernährung und der Rezipient von Essen. Jedoch ist die Art der Umsetzung und Integration in den Alltag alles andere als einheitlich und vor allem breiter angelegt, als die üblichen Ernährungsempfehlungen (Büning-Fesel 2004, S. 82 ff.; Jähning 2001, S. 79 ff.; Berg, Hermey 2001, S. 85 ff.). Es geht hier nicht um eine Veränderung der täglichen Speisen, sondern um eine andere Art des Lebensstils. Essen ist integraler Bestandteil des Alltags, der von jedem selbst gestaltet wird (vgl. Spiekermann 2005, S. 13). Die Beratungssituation ist immer eine kurzfristige Ausnahmesituation, in der die eigentliche Problemlösung nicht realisierbar ist. Die betroffene Person muss dies selbst in ihrem gewohnten Lebensumfeld erproben, damit der Entscheidungskonflikt, der im Beratungszimmer als gelöst erscheint, auch im Alltag und sozialem Umfeld gelöst bleibt. Es geht also nicht darum Verhaltensprobleme theoretisch zu lösen, sondern es muss gemeistert werden, auch wenn der Klient sich alleine in emotional belasteten Situationen befindet (vgl. Pudel 1982, S. 64).

Die Vermittlung von handlungsorientiertem Wissen ist eine Seite, die andere ist die Einübung des Verhaltens. Zu überlegen ist, den praktischen Anteil in der Ernährungsberatung durch den Einsatz von Rollenspielen zu erhöhen. Die Teilnehmer können durch Rollenspiele neue Verhaltensmuster ausprobieren und erlernen. Deshalb ist die Frage, der hier nachgegangen wird, wie bei Kursen, die auf kognitiven Methoden aufbauen, aktive Lernmethoden eingebracht werden können. In der vorliegenden Arbeit wird überprüft ob *Rollenspiele als Element in der Ernährungsberatung von Gruppen* eingesetzt werden können. In der Ausarbeitung wird der verfügbare Kenntnisstand über Rollenspiele dargestellt und ihre mögliche Einsetzbarkeit in der Ernährungsberatung und die Grenzen in der Verwendung reflektiert. Dazu er-

folgt zunächst eine Übersicht der Grundlagen. Diese beinhalten die Gruppenernährungsberatung und die Definition des Rollenbegriffs. Anschließend wird das Rollenspiel näher beschrieben, eine Differenzierung der verschiedenen Rollenspieltypen und eine Abgrenzung zu anderen Spielformen vorgenommen. Es folgen die Einsatzmöglichkeiten und Verwendungszwecke des Rollenspiels. Um auf eine typische Gefahrenquelle von nichtnatürlichen Situationen einzugehen, wird im nächsten Abschnitt der Begriff Artefakt erläutert. Nachfolgend werden der Verlauf des Rollenspiels beschrieben und die Spielleiterqualifikationen und Funktion erklärt. Der dritte Teil der Ausarbeitung enthält den Kern der Überlegung, da hier der theoretische Transfer der Einsatzmöglichkeit von Rollenspielen in der Gruppenernährungsberatung stattfindet. Dazu werden Gemeinsamkeiten der beiden Arbeitsweisen aufgezeigt um anschließend die Vor- und Nachteile zu diskutieren. Abschließend erfolgt ein Fazit mit einer Handlungsempfehlung sowie eine Zusammenfassung.
Aufgrund der besseren Lesbarkeit wird im Text die männliche Sprachform gewählt. Es sind jedoch stets beide Geschlechter gemeint.

2 Theoretische Grundlagen

Der Umstand der begrifflichen Unbestimmtheit von Beratungen und auch von Rollenspielen ist in der Ausarbeitung gegenwärtig. Aus diesem Grund erfolgt an dieser Stelle die begriffliche Klärung. Im Punkt 2.1 wird zuerst der interdisziplinäre Beratungsterminus aufgegriffen. Es folgt eine Erläuterung des non direktiven Beratungsansatzes nach Carl Rogers und die themenzentrierte Interaktion von Ruth Cohn, da diese Arbeitsweisen von zentraler Bedeutung für die Ernährungsberatung sind. Weiterhin werden die wichtigsten Definitionen von Ernährungsberatung anhand von Merkmalen zusammengefasst und die Bedeutung des Beraters vorgestellt. Nachdem die Grundlagen der Ernährungsberatung in Gruppen abgehandelt wurden, dient die Definition des Rollenbegriffs als Überleitung, um den Focus auf die Rollenspielthematik zu richten. Die einzelnen Punkte, die aufgegriffen werden, sind für den weiteren Verlauf der Arbeit wichtig, um Missverständnisse zu beseitigen und Inhalte für den Transfer und die Diskussion zu liefern.

2.1 Ernährungsberatung in Gruppen

Im Allgemeinen ist unter einem Beratungsgespräch immer ein Problemlösungsgespräch zu verstehen. Dabei geht es darum, dass der Klient seine eigene Situation besser erkennt und aus eigenen Stücken zur Konfliktbewältigung motiviert und angeregt wird (vgl. Keller, Thiele 2004, S. 102). Beratung wird dann notwendig, wenn die alltägliche Routine als nicht zufriedenstellend aufgefasst wird. In diesem Fall wird Beratung als Entscheidungs- und Orientierungshilfe in Anspruch genommen (vgl. Hechler 2010, S. 10). Dabei gilt Beratung als Hilfe zur Selbsthilfe (vgl. Gröning 2006, S. 27). Der Klient hat ein uneingeschränktes Selbstbestimmungsrecht und kann entscheiden, ob er die Beratung zu Ende führt oder vorzeitig abbricht. Außerdem steht es ihm frei Ernährungsempfehlungen zu befolgen. Zur Kontaktaufnahme mit Ernährungsberatern tragen die Verfügbarkeit der Ernährungsberatung und ein gesellschaftlich gefördertes Gesundheitsbewusstsein bei. In der Beratung gibt es verschiedene Methoden, mittels derer der Berater den Klienten in die gewünschte Richtung lenkt, damit dieser sein Ernährungsverhalten kontrollieren kann (vgl. Diedrichsen 1993, S. 31).

Eine der bedeutendsten Beratungskonzeptionen ist die klientenzentrierte Beratung nach Carl Rogers. Bei diesem Ansatz geht es darum, dass der Klient spricht und der Therapeut zuhört. Ursprünglich stammt dieses Konzept aus der Psychotherapie und ist deshalb nur partiell in der Ernährungsberatung anwendbar. Dennoch ist es eine der am häufigsten genutzten Beratungsmethoden (vgl. Gröning 2006, S. 85). Dieser Ansatz beruht auf einem humanistischen Menschenbild, bei dem der Mensch im Mittelpunkt steht (vgl. Hechler 2010, S. 20). Der Berater sollte dem Klienten Achtung, Wertschätzung und emotionale Wärme entgegenbringen. Rogers betont den Verzicht von Ratschlägen und Verhaltensanweisungen (vgl. Gröning 2006, S. 87). Bei seinem non direktiven Ansatz werden weniger die Problemlösungs- und Entscheidungsvorgänge unter kognitiven Aspekten analysiert, als vielmehr das dahinter stehende Gefühlsleben (vgl. Diedrichsen 1993, S. 208).

Ein weiteres wichtiges Konzept in der Gruppenberatung ist die themenzentrierte Interaktion (TZI) von Ruth Cohn. Die Funktion dieser Arbeitweise basiert auf der Interaktion der Gruppenmitglieder. Im Laufe von mehreren Monaten sollen gezielte Veränderungen des Verhaltens durch den Einfluss der Gruppe auf ihre Mitglieder hervorgerufen werden (vgl. Gölz 2002 S. 494). Der Schwerpunkt der TZI liegt in dem Erlernen und Einüben von Problemlösefähigkeiten (vgl. Diedrichsen 1993, S. 66). Die Teilnehmer stehen in ständiger Interaktion, zeigen Zusammenhalt und beeinflussen sich gegenseitig. Die Elemente der Gruppenberatung sind die Teilnehmer, der Berater (Moderator) und der Gruppenprozess. Der Gruppenprozess entsteht durch die Aktivität und Wechselbeziehung der Mitglieder (ebd. S. 62). In der Gruppenberatung geht es um eine offene und lebendige Selbstauseinandersetzung sowie Selbstöffnung der Teilnehmer (vgl. Diedrichsen 1993, S. 209). Bei dieser Beratungsform liegt das Hauptaugenmerk auf der Gegenwart (vgl. Gölz 2002 S. 494). Das Konzept der TZI stammt aus der Psychoanalyse und der humanistischen Psychologie und stellt für die Ernährungsberatung eine wichtige Vorgehensweise dar. Das Ernährungsproblem wird in den Mittelpunkt des Gruppengeschehens gestellt, um es dann mit gemeinsam aufeinander bezogenen Handlungen zu lösen. Die TZI zielt darauf ab, Ratsuchenden Orientierungshilfe zu geben und ihnen dabei zu helfen, die Entscheidungs- und Kommunikationsfähigkeit zu verbessern.

Im Gruppenprozess wird mit dem Ich-Wir-Es-Dreieck und dem Globe gearbeitet (vgl. Diedrichsen 1993, S. 66).

Abb.1: Themenzentrierte Interaktion

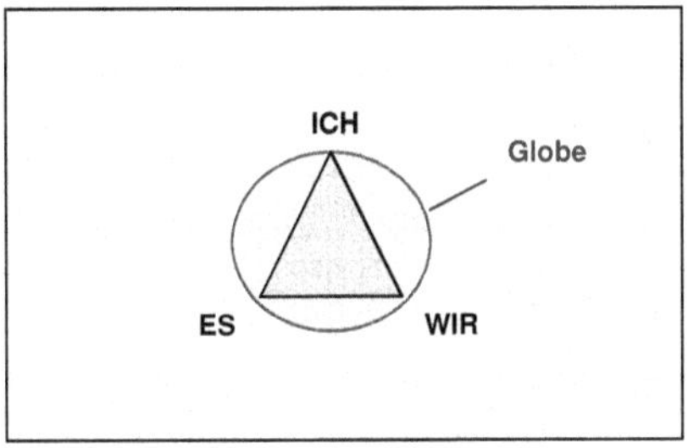

Quelle: eigene Darstellung in Anlehnung an Ewert 2008 S. 228

Bei dem Konzept ist es wichtig, dass die Elemente des Dreiecks gleichermaßen berücksichtigt und behandelt werden. Das **Ich** stellt das Individuum dar. Ohne das **Ich** mit seinen Gefühlen und Bedürfnissen würde es keine Gruppe geben. Das **Wir** steht für die Gruppe und beinhaltet die in der Gruppe ablaufenden Interaktionen. Dabei unterscheiden sich die Gruppenmitglieder aufgrund ihrer unterschiedlichen Interessen und Beziehungen voneinander. Das **Es** beinhaltet das Thema um welches es in der Gruppe geht und Anlass der Gruppenbildung darstellt. Der Kreis, welcher das Dreieck umgibt, wird **Globe** genannt. Mit **Globe** ist das nahe und ferne Umfeld, also die Umwelt in dem die Gruppenmitglieder eingebettet sind, gemeint. Von dieser Umwelt gehen politische, soziale, ökologische und kulturelle Einflüsse aus. Wichtig für den Erfolg ist, dass gemeinsame Gruppenziele thematisch mit individuellen Zielen übereinstimmen, erkannt und anerkannt werden. In den einzelnen Phasen der Gruppenprozesse können die jeweiligen Elemente diskutiert werden. Ebenso muss die Gruppe bereit sein, Verantwortung für die gegenseitige Hilfe und Förderung ihrer Mitglieder zu übernehmen.

Durch die Interaktion machen die Klienten neue Erfahrungen, gewinnen tiefere Einsicht und können Handlungsentwürfe für die Zukunft entwickeln. In der Gruppe erfahren die Klienten, dass auch andere Personen Probleme haben. Durch Konfrontation mit der Gruppe werden diese gelöst (vgl. Diedrichsen 1993, S. 67f.). In der verhaltensmodifizierenden Beratung geht es in erster Linie um die Veränderung des gegenwärtigen Ernährungs- und Essverhaltens der Klienten. Störungen im Verhalten sind erlernt und können durch Neulernen oder Umlernen behoben werden (ebd. S. 176).

Anders als bei Rogers und Cohn, deren Arbeitsmethoden aus einem anderen Fachbereich kommen, beziehen sich die folgenden Definitionen ausschließlich auf die Ernährungsberatung. Dabei kann Ernährungsberatung als Institution angesehen werden, wie bspw. als Abteilung einer Verbraucherzentrale oder aber als Arbeitsweise (Merkle, Knopf 2005, S. 24). Das Institut für Qualitätssicherung in der Ernährungstherapie und Ernährungsberatung

(QUETHEB) e.V. definiert Ernährungsberatung als eine Kommunikationsform, die sich an gesunde Verbraucher wendet. Im Vordergrund stehen allgemeine Informationen und individuelle Entscheidungshilfen bei Fragen zum Thema gesundheitlicher Verbraucherschutz, Lebensmittel, Essverhalten und die Reduzierung von Risikofaktoren. Partnerschaftlich sollen in der nicht direktiven Gesprächsführung Fertigkeiten zur gemeinsamen Problemlösung erarbeitet und eingeübt werden. Die Beratung basiert auf aktuellen und wissenschaftlich gesicherten Erkenntnissen und unterscheidet sich von Ernährungstherapie, welche sich an Kranke richtet (vgl. Benecke, et al. 2006, S. 9).

Pudel unterscheidet zwischen Ernährungsberatung, Ernährungsaufklärung, Informationsvermittlung, Ernährungserziehung und Ernährungstherapie. Dabei definiert er die Ernährungsberatung als eine verbal vermittelte Interaktion zwischen Berater und Klient, die zum Ziel hat, einen Entscheidungskonflikt oder ein Verhaltensproblem im Ernährungsbereich zu lösen. Hierfür ist eine reine Informationsvermittlung nicht ausreichend. Die Wissensvermittlung und Aufklärung ist auf die kognitive und argumentative Ebene ausgerichtet. Sie hat keine klare Zielgruppe, sondern ist an die breite Masse gerichtet. Ernährungsberatung hingegen richtet sich an individuelle Personen. Informationen sind in der Beratung nicht ausgeschlossen, sie finden als Entscheidungshilfe Verwendung. Geht die Beratung über verbale Kommunikation hinaus, so wird von Ernährungserziehung oder aber auch Ernährungstherapie gesprochen. Information und Aufklärung betrifft die Kommunikationsforschung, Beratung findet statt im Bereich der Sozialpsychologie, Erziehung und Behandlung in der Pädagogik bzw. Ernährungsmedizin (vgl. Pudel 1982, S. 63).
Nach Diedrichsen steht die Verhaltensmodifikation im Mittelpunkt der Ernährungsberatung. Ernährungsberatung umfasst alle Maßnahmen die auf eine Veränderung des Ernährungsverhaltens abzielen. Dies beinhaltet einen ganzheitlichen Ansatz bei dem die Förderung der Entwicklung und eine Verbesserung der Lebensqualität des Klienten im Vordergrund stehen. Für Ernährungsberater besteht die Hauptaufgabe darin den Klienten den Weg zu weisen, wie sie erworbenes Wissen in die Ernährungspraxis umsetzen können (vgl. Diedrichsen 1993, S. 1).

Eine weitere Begriffsdifferenzierung liegt zwischen der Ernährungsberatung und Diätberatung vor. Anders als die Ernährungsberatung ist die Diätberatung an kranke Menschen gerichtet und kommt im Bereich der Intervention und Rehabilitation vor. Die Ernährungsberatung findet Anwendung bei der Primärprävention und der Gesundheitsförderung (vgl. Gölz 2002 S. 487). Ernährungsberatung findet immer im persönlichen Kontakt zwischen Berater und Klient (*uno-actu Prinzip*) statt (vgl. Pudel 1991, S. 6). Professionelle Beratung soll individuelle und soziale Ressourcen des Klienten mobilisieren und so zu einem kontrollierten und

unabhängigen Ernährungshandeln befähigen. Dabei sollen die Klienten möglichst selbst die Ursache für ihr Ernährungsproblem finden, erkennen und sich intensiv am Lösungsprozess beteiligen. Voraussetzung hierfür sind Motivation, Aktivität und Eigenverantwortung. Sind diese Eigenschaften nicht gegeben so ist keine wirksame Ernährungsberatung möglich. Dabei bestimmt der Grad der Beteiligung an der Ernährungsberatung ganz entscheidend den Erfolg (vgl. Diedrichsen 1993, S. 17).
Im Vordergrund steht das selbstständige Denken und Ausfindig machen der Problemlösung und nicht die vorgefertigte Lösung des Beraters oder aus Infobroschüren vorgesetzt zu bekommen. Problemlösungsprozesse werden im besonderen Maße gefördert, wenn der Klient die Bedeutung seines Ernährungsproblems selbstständig herausfindet. Vorteil hierbei ist die bessere Einprägsamkeit und der Transfer von Ernährungswissen auf ähnliche Problemsituationen (ebd. S. 32).

Nach Diedrichsen besteht die Ernährungsberatung aus einer Gruppe von 5 bis 10 Teilnehmern. Bei der Gruppe gibt es ein dezentralisiertes Kommunikationsnetz, bei dem jedes Mitglied in engem Kontakt zum anderen steht (vgl. Forsyth, 1983 zitiert nach Diedrichsen 1993, S. 63). Die Gruppenmitglieder sind an der Lösung ihres Problems ernsthaft interessiert. Um das gemeinsame Ziel zu erreichen zeigt die Gruppe Solidarität, Kooperation und Hilfsbereitschaft. Voraussetzung ist, dass sich die Mitglieder aktiv am Problemlösungsprozess beteiligen, dabei eigene Erfahrungen und eigene Sachkompetenzen einbringen. Dabei sollten sie Fähigkeiten zur selbstständigen Verarbeitung von Informationen und zur Problemlösung entwickeln. Hervorzuheben ist ebenfalls die Bedeutung des Beraters, denn wie die Gruppe sich entwickelt hängt nicht nur von der Persönlichkeit der Teilnehmer oder der Situation, sondern auch von den Kompetenzen des Beraters ab. Wichtig für die Qualität der Gruppenberatung sind Partnerschaftlichkeit, Akzeptanz, Nichtwerten und Verschwiegenheit. Diese Eigenschaften sollte nicht nur der Gruppenleiter aufweisen, sondern auch die Teilnehmer (vgl. Diedrichsen 1993, S. 62f.). Ein Merkmal der Gesprächsform ist, dass die Klienten lernen sich mit ihrem Ernährungsproblem innerlich auseinanderzusetzen und sich selbst zu akzeptieren (ebd. S. 44). Wichtig ist, dass der Berater authentisch spricht und aktiv zuhört. Durch authentisches Sprechen wird beim Klienten die Auseinandersetzung mit dem Ernährungsproblem und den damit verbunden Konflikten gefördert. Dabei sollen Stärken und Schwächen sowie Gedanken und Gefühle von beiden Seiten offen geäußert werden. Der Berater darf über Probleme der Klienten nur unvoreingenommen sprechen. Das erhöht die Autorität seiner Person. Beim aktiven Zuhören sollte der Berater bewusst auf die Fehlerquellen achten, um die Qualität der Gesprächsführung zu verbessern. Dazu muss er sich konzentrieren, verbale und nonverbale Informationen zur Kenntnis zu nehmen und treffend zu deuten. Dies erfordert Gelassenheit und Geduld (ebd. S. 45). Die Aufgaben des Beraters sind komplex. Einerseits geht es um den Erhalt der Gruppe und den Aufbau von Gruppennormen, andererseits ist er für das Wachstum der Gruppe verantwortlich und muss Hindernisse beseitigen (ebd. S. 70). Weiterhin muss er fachliche und psychologische Hilfestellungen geben und für eine ansprechende Umgebung und Atmosphäre sorgen, so dass die Betroffenen offen über ihre Probleme, Bedürfnisse und Ängste sprechen können. Dabei ist der Gruppenberater Gesprächsteilnehmer und Beobachter zugleich. Der Berater achtet auf Normen und übernommene Rollen der Teilnehmer (ebd. S. 63).

Wichtig im Beratungsprozess ist es, potentielle Dominanz von Anfang an zu vermeiden. Dies wird häufig unbewusst durch die Wortwahl, Mimik oder Gestik ausgelöst (vgl. Keller, Thiele 2004, S. 105). In der Beratung hängt die Qualität in hohem Maße von den Persönlichkeitseigenschaften ab. Vor allem ist die Echtheit und Kontaktfähigkeit hervorzuheben. Diese Merkmale sind Voraussetzung für eine tragende Beziehung zum Ratsuchenden. Weitere Beratereigenschaften sind Einsatzbereitschaft und Zurückhaltung (vgl. Diedrichsen 1993, S. 57).

2.2 Definition Rolle

Zu der Begrifflichkeit in dem Bereich des Wortfeldes „Rolle" gibt es in der Fachliteratur keine einheitliche Verwendung (vgl. Sader 1986, S. 14). Aus diesem Grund wird in der vorliegenden Ausarbeitung lediglich zwischen der sozialen Rolle und dem Rollenbegriff aus dem Theater, mit darstellender Funktion, unterschieden. Die Herkunft des Wortes „Rolle" stammt ursprünglich aus dem Zusammenhang zur Bezeichnung der Pergamentrolle, denn hier wurden die Aufgaben des Schauspielers festgeschrieben (vgl. van Ments 1983, S. 15). Somit stammt die Rolle aus dem Theater, wo sie von Schauspielern vorgetragen wird. Dabei vertauscht der Spieler die eigene Realität mit der gespielten Rolle (vgl. Broich 1991, S. 117).

Anders ist es bei der sozialen Rolle, die sich auf die Art und Weise, wie sich Menschen in ihrem Alltag verhalten, bezieht (vgl. van Ments 1983, S. 15). Während der Sozialisation erwirbt jeder Mensch ein bestimmtes Repertoire an Verhaltensmustern. Jeder Mensch besitzt die Fähigkeit, verschiedene Rollen anzunehmen und Rollen zu wechseln. Mit den Verhaltensmustern der Rolle sind bestimmte Erwartungen verknüpft (vgl. Broich 1991, S. 117). Der Rollenbegriff beinhaltet hier die Identifikation und Bezeichnung eines Individuums, seine Erscheinung und seine Verhaltensweise. Im täglichen Leben beschreibt die soziale Position eine Rolle, bspw. die Rolle des Geschäftsführers.

Die Rolle kann sich auch auf den Kontext beziehen, in dem sich die Person gerade befindet, bspw. Pfarrer (Kirche), Beamter (Büro). Demnach verändert sich das Rollenverhalten eines Menschen mit seinem sozialen Umfeld bzw. zu den Umweltbezügen. Eine Rolle kann auch mit einer Funktion oder einem Zweck definiert werden, z.B. Arzt (Krankenhaus) (vgl. van

Ments 1983, S. 15f.). Rollenverhalten wird von verschiedenen Faktoren bestimmt, z.B. vom sozialen Status einer Person, der Sozialisation oder der sozialen Umgebung. Aber auch die psychische Verfassung eines Menschen und die Erwartungen der Umwelt an ihn beeinflussen sein Verhalten (vgl. Kramer 1981, S. 34).

2.3 Rollenspiel

Im Folgenden befassen sich alle Autoren mit dem Phänomen der simulierten Kommunikation. Dabei wird sichtbar, wie komplex das Phänomen der Simulation im Rollenspiel ist (vgl. Bliesener, et al. 1994, S. 10).

Das Rollenspiel wurde um 1922 von dem Arzt, Psychiater und Soziologen Jakob L. Moreno (1890-1974) entwickelt und entstand innerhalb seiner Arbeit mit psychisch Kranken (vgl. Schmidt 1988, S.15). Dennoch ist zu sagen, dass das Rollenspiel nicht primär eine therapeutische Funktion hat (vgl. Shaftel 1974, S. 15). Aus historischer Sicht dienen Rollenspiele der Aufklärung und als reflektierende Beschreibung menschlicher Identitätsentwicklung zwischen der Person selbst und der Gesellschaft (vgl. Sang 1975, S.113).
„Rollenspiel" ist dabei eine Sammelbezeichnung für eine Vielzahl von unterschiedlichen Verfahrensweisen. Ansatzweise wurde versucht eine grundsätzliche und umfassende Systematik festzulegen (vgl. Sader 1986, S. 17). Jedoch liegt eine einheitliche Definition von Rollenspielen in der Literatur nicht vor. Deshalb wird der Sachverhalt anhand von Merkmalen definiert. Dies soll im Folgenden dargestellt werden.
Die Rollenübernahme ist die Grundvoraussetzung für das Rollenspiel. Die Teilnehmer müssen in eine Rolle schlüpfen, um bestimmte Situationen mit dieser Methode zu bearbeiten (vgl. Schaller 2006, S. 21). Durch den Rollenwechsel kann ein Problem aus mehreren Perspektiven betrachtet und nachgedacht werden. Anschließend werden mögliche Handlungswege direkt ausprobiert. Diese Möglichkeit hilft den Teilnehmern auf zwei Weisen. Erstens können die Spieler ihr Ausdrucksvermögen trainieren und zweitens hilft das Spiel ihre Gewohnheiten zu überdenken (vgl. Nickel 2003, S. 12).
Beim Rollenspiel steht das Einüben von Verhaltensweisen im Vordergrund (vgl. Ebert 1992, S.28). Dabei geht es darum in einer risikofreien Situation zu lernen. Es werden verschiedene Probleme oder Problemsituationen in neuen, ungewohnten oder frei erfundenen Verhaltensweisen vorgetragen. Die Teilnehmer müssen aktiv mitarbeiten, bestimmte Situationen beurteilen, in diesen ihr Handeln und die Handlungen gegebenenfalls ändern (vgl. Schmidt 1988, S.9). Das Rollenspiel zielt darauf ab, Erkenntnisprozesse auszulösen und die Folgewirkungen auf eingetretene Verhaltensänderungen bei den Teilnehmern zu reflektieren sowie aus den Spielen Erfahrungen sammeln zu können und zu lernen (vgl. Broich1991, S.20). Grundlage für das Rollenspiel ist ein Problem, welches es zu bewältigen gilt und daher für alle Beteiligten gleich relevant ist. Das große Eigeninteresse, das Problem zu lösen, motiviert

die Teilnehmer. Die Problemdefinition sollte der Trainer im Gruppengespräch ermitteln (vgl. Wendlandt 1977, S. 137). Bei diesem Problemlösen in Gruppen sollen den Anwesenden eine Gelegenheit geboten werden, in spontanen Spielen und geleiteten Diskussionen Alternativen zu erforschen und zu erkennen, welche persönlichen und sozialen Erfolge bestimmte Lösungswege nach sich ziehen (vgl. Shaftel 1974, S. 15). Der Grundgedanke des Rollenspiels ist, den Teilnehmern eine Gelegenheit zu bieten Interaktionen mit anderen Personen in einer ganz bestimmten Rolle zu üben. Dabei ist die Situation durch ein Szenario und eine Rollenbeschreibung definiert. Das Szenario stellt ein spezielles Setting dar und baut den Hintergrund für das Problem bzw. die Umgebung auf. Es bildet somit die Rahmenbedingungen, unter denen gespielt wird. Das Spiel kann von wenigen Minuten bis hin zu einer halben Stunde dauern. Am Ende des Spiels sollte immer eine Auswertung stattfinden, bei der die Beobachter die Art des Verhaltens der Spieler kommentieren können. Das Rollenspiel ist ein Verfahren, welches die Teilnehmer motiviert und befähigt sich selbst in eine Situation hinein zu versetzen (vgl. van Ments 1983, S. 18). Vor allem die Als-Ob-Situation prägt den Rollenspielcharakter (vgl. Sader 1986, S. 15).

Das Rollenspiel ist eine aktive Lernmethode mit unterschiedlicher Zielsetzung. Den Teilnehmern kann entweder eine Situation vorgegeben werden, die sie dann durch eine Rollenübernahme darstellen, oder sie können sie frei erfinden. Der Verlauf des Rollenspiels muss nicht zwangsläufig durch Texte vorgegeben sein (vgl. Schmidt 1988, S.10). Das Thema des Rollenspiels kann entweder von der Gruppe verfasst werden, es besteht allerdings auch die Möglichkeit Rollenspiele zu kaufen oder zu leihen. Meist ist es besser ein Rollenspiel selbst zu konzipieren anstatt ein vorgefertigtes Spiel einfach unverändert zu übernehmen (vgl. van Ments 1983, S. 41). Weitere Inhalte können das Erlernen von Fertigkeiten und Techniken oder auch das Erkunden von Empfindungen oder Einstellungsänderungen sein. Dabei liegt die Entscheidung beim Trainer, ob er den Teilnehmern Zusammenhänge aufzeigen möchte, die sich im Spiel gezeigt haben. Hier kann er unter Umständen ein modifiziertes Verhalten auf diese Weise einüben lassen (ebd. S. 14).

Das Rollenspiel ist handlungsorientiert. Hierbei steht das Spielen und nicht ein zur Schau stellen im Vordergrund. Vorsicht gilt bei der Überladung mit verschiedenen Zielsetzungen. Der Lernprozess beinhaltet eine Immunisierung und Distanzierung gegenüber fremdbestimmtem Rollenverhalten. Mittel ist hierbei die Verfremdung, die beim Rollenspiel eine Distanz von der Alltagsrealität einleitet. In der Spielsituation ermöglicht dies eine Reduzierung auf bestimmte Aspekte (vgl. Broich 1991, S.11). Die Akteure können sich selbst, andere oder eine fiktive Person spielen. Dennoch wird die Rolle durch das eigene Verhalten der Protagonisten ausgefüllt. Die Spieler können neue Verhaltensweisen nur übernehmen, wenn ihnen

Gelegenheit gegeben wird diese einzuüben (vgl. Schmidt 1988, S.10ff.). Das Rollenspiel ermöglicht die Darstellung von realen Lebensumständen, wobei die Spieler neue Wege der Problemlösung ausprobieren können ohne Konsequenzen zu befürchten (vgl. van Schützenberger 1976, S. 61).

Nicht verwechselt werden sollte das Rollenspiel mit dem kindlichen Rollenspiel, welches auch als Symbol- oder Fiktionsspiel bezeichnet wird. Bei dieser Art des Rollenspiels versuchen Kinder ihre soziale Umwelt nachzuahmen. Auch bei diesem Rollenspieltyp geht es um Verhaltensweisen und Handlungsmuster, die an eine bestimmte Person gebunden sind (vgl. Barz 1998, S. 36). Um weiteren Missverständnissen vorzubeugen und Verwechslungen auszuschließen, werden im folgenden Abschnitt zuerst die verschiedenen Rollenspieltypen vorgestellt.

2.3.1 Rollenspieltypen

Es gibt verschiedene Rollenspieltypen, die sowohl unterschiedliche Ansätze an Informationen als auch einen anderen Verlauf und Auswertung verlangen. (vgl. van Ments 1983, S. 41).

Bei der einfachsten Form des Rollenspiels geht es darum, dass sich eine Person vorstellt, eine andere Person in einer bestimmten Situation oder sich selbst zu spielen. Dabei soll die Person sich so verhalten, wie die Person es ihrem Gefühl nach tun würde. Ziel dabei ist es, dass der Protagonist oder die übrigen Teilnehmer der Gruppe entweder etwas über die Person oder die Situation lernen. Die zu spielende Situation kann vertraut oder fremd sein. Der Inhalt kann entweder der Fantasie des Spielers überlassen bleiben oder in einem Manuskript detailliert beschrieben sein (vgl. van Ments 1983, S. 14). Dabei fallen die Vorgaben des Trainers unterschiedlich streng aus. Die Anweisungen können Inhalte zum Temperament, Ausdruck oder Ablauf der zu spielenden Rollen beinhalten. Es wäre jedoch besser, dass der Trainer zuerst die Regieanweisung bekannt gibt und anschließend ein Talent für die Rolle heraus sucht (vgl. Bliesener, et al. 1994, S. 26). Es besteht auch die Möglichkeit nur teilweise eine Situations- und Rollenbeschreibung mit Verhaltensweisen vorzugeben. Ist dies der Fall, so wird den Akteuren eine Vorbereitungszeit zur Verfügung gestellt.

Zur Differenzierung der Rollenspieltypen gibt es weitere Schemata. SHAW differenziert Rollenspiele nach strukturierter und unstrukturierter Form. WOHLKING hingegen nennt diese methodenorientiert und entwicklungsorientiert (vgl. van Ments 1983, S. 54).

Bei den strukturierten Rollenspielen geht es um vorbestimmte Zielsetzungen und Beziehungen, bei denen die Übungen von Anfang an durchgeplant sind. Inhalt der Übungen ist es eine bestimmte Situation schrittweise zu erforschen. Dabei sind Zwänge und Konflikte in die

Rolle eingebaut, sodass das Problem im Mittelpunkt steht, für welches es Lösungen zu finden gilt (ebd. S. 54).
Bei dem unstrukturierten Rollenspiel stehen die eigenen Probleme der Spieler im Mittelpunkt. Hier soll die persönliche Situation erforscht werden. Eingebaut werden Wissen und Wünsche des Spielers. Der Endpunkt ist unbestimmt. Es endet, wenn die Spieler aufhören wollen.
Bei WOHLKING gleicht das methodenorientierte Rollenspiel dem unstrukturierten Rollenspiel von SHAW. Dabei geht es darum bei den Spielern bestimmte Fähigkeiten zu entwickeln, um diese Methoden und Techniken in bestimmten Situationen anzuwenden. Der Grundgedanke hierbei ist, dass die Rollenspielübungen aus mehreren kleinen Problemen bestehen, die sich durch die Anweisungen des Spielleiters und die Vorgabe von Richtlinien lösen lassen. Damit der richtige Umgang mit der Methode gelernt wird, werden die Übungen mit der Methode mehrmals wiederholt.
Die entwicklungsorientierte Spielform beschäftigt sich mit dem Lernen von Motivationen und Haltungen. Er gleicht dem unstrukturierten Spieltyp bei SHAW. Das zu behandelnde Thema besteht aus komplexen Situationen. Der Prozess beinhaltet Anwendung des Lernens und Verknüpfungen, die auf Hintergrundwissen und Erfahrung der Person beruhen. Die Teilnehmer verhalten sich spontan und sind nicht an die Vorgaben oder Anweisungen des Trainers gebunden (ebd. S. 55).
Der Versuch der Autoren eine Taxonomie zu erstellen, kann in dreifacher Weise hilfreich sein. Erstens zur Klärung von Zielen oder Absichten, zweitens zur Absicherung einer integrierten Übung, drittens als Hilfe zur Identifizierung oder Überwindung von Fehlern. Bei der Wahl des Rollenspieltyps muss auch die Zielsetzung bedacht werden, die damit verfolgt werden soll. Während des Spielverlaufs kann die Technik jedoch modifiziert werden. Durch die Festlegung des Rollenspieltyps kann der Spielleiter Anfang, Mitte und Ende der Übung aufeinander abstimmen. Weiterhin dient die Klassifikation von Rollenspielen der Evaluation (ebd. S. 59).

Van Ments (1983) unterscheidet bei Rollenspielen zwischen solchen, die der Übung von Fähigkeiten und Fertigkeiten dienen und solchen, die zur Veränderung des Verhaltens, der Einstellung, des Verständnisses oder von Gefühlen eingesetzt werden (ebd. S. 44).

Broich (1991) gliedert das Rollenspiel in fünf Stufen auf. Bei der ersten Stufe handelt es sich um eine Vorübung zum Rollenspiel. Die zweite Stufe sind die entwickelten Rollenspiele, bei denen ein Spielleiter vorhanden sein muss. Die Rollenspielformen der zweiten Stufe gliedern sich zudem in eine edukative und eine therapeutische Richtung, wobei das edukative Feld das Plan- und Rollenspiel, das therapeutische das Soziodrama beinhaltet. Anlass im edukativen Rollenspiel ist die Lust am Verhalten in der Fremdrolle eines pädagogischen und sozialen Konfliktes. Es geht um die Darstellung von Eigen- und Fremdrollen in angenommenen Situationen. Ziel ist das Bewusstsein und die Analyse von individuellem Sozialverhalten und des Verhaltenstrainings. In der dritten Stufe, dem ergänzenden Rollenspiel, werden Materialien und Medien eingesetzt. Nachahmungsspiele, Figurenspiele und Scharade sind Beispiele für die tradierte Rollenspielform der vierten Stufe. In der fünften Stufe geht es um die aufbauenden Rollenspiele. Hierbei handelt es sich um das Rollenspiel als schauspielerische Spielform, welche sich meist über einen längeren Zeitraum erstreckt und mit einer gemeinsamen szenischen Arbeit verbunden ist (vgl. Broich 1991, S. 23f.).

Bliesener (1994) differenziert die Zielsetzung von Rollenspielen in 2 Dimensionen: der Gegenstandsbezug und der Adressatenbezug von Rollenspielen. Inhalt kann das übliche Verhalten einer Person oder ein neues Verhalten, das der Spieler noch nicht praktiziert hat, sein. Ebenso wäre die Nachahmung des Verhaltens einer anderen Person denkbar. In diesem Fall eignet sich das Rollenspiel zur Einfühlung, Einsichtigkeit oder zum Einüben eigener Möglichkeiten sowie zum Bewusstwerden oder der Änderung einer Gewohnheit. Bei dem Adressatenansatz eines Rollenspiels geht es um außenstehende Personen oder die Spieler selbst. Dabei kann den Adressaten das Rollenspiel beispielhaft vorgeführt werden, damit die Zuschauer daraus Rückschlüsse auf ihr eigenes Verhalten oder Fähigkeiten der Spieler ziehen können. Dabei stehen diagnostische Zwecke beziehungsweise Demonstrationszwecke im Vordergrund. Auch die Spieler selbst können Adressaten ihres Rollenspiels sein. Bspw. um bestimmte Erlebnisse zu haben oder um bestimmte Verhaltensweisen zu erarbeiten bzw. zu verarbeiten (vgl. Bliesener, et al. 1994, S. 14).
Schmidt (1988) klassifiziert Rollenspiele in vier Formen:

1. **Spontanes Rollenspiel:** Diese Spielform ist nicht geplant und entsteht aus der Situation heraus.
2. **Strukturierte oder vorgeplante Rollenspiele:** Hier sind die Rollenspiele in den Ablauf der Lehrveranstaltung eingeplant und die Rollenbeschreibung vorgegeben.
3. **Simultan Methode:** Diese Form wird auch vielfach Rollenspiel genannt. Alle Teilnehmer werden in kleineren Spielgruppen aufgeteilt. Die Rollenspiele finden gleichzeitig statt. Anschließend werden die Rollenspiele verglichen.
4. **Einzelrollenspiel:** Bei diesem Spieltyp werden wenige Spieler ausgesucht, die anderen Teilnehmer sind Beobachter. Diese Form eignet sich um auf Details des Rollenspiels einzugehen, da es häufig nur bei kleinen Gruppen angewandt wird. Bei der Auswertungsphase im Anschluss an das Rollenspiel kann das Verhalten der Akteure besprochen werden. Hierbei kommt eine besondere Bedeutung den Beobachtern zu,

denn der Spieler kann wichtige Aussagen über sein Verhalten von ihnen erfahren (vgl. Schmidt 1988, S.16ff.).

Beim gegenwärtigen Stand der Forschung beschreibt jeder Autor die Komplexität des Rollenspiels aus seiner gewählten Blickrichtung, mit verschiedenen Detailbeobachtungen (vgl. Bliesener, et al. 1994, S. 10).
Die einzelnen Rollenspiele können Minuten dauern sich aber auch über Tage hinweg abspielen. Die Rollenspielabsichten unterscheiden sich hinsichtlich ihrer Intension. Die verschiedenen Rollenspielformen verlangen eine unterschiedliche Einführung in das Spiel, eine differenzierte Beschreibung der Rollen und eine andere Variation des Verlaufs (vgl. van Ments 1983, S. 44). Dabei kann der Lerneffekt bereits durch die bloße Beobachtung der Außenstehenden und für die Teilnehmer selbst entstehen (ebd. S. 14).

Die Bandbreite an Rollenspieltypen zeigt, dass es das Rollenspiel schlecht hin nicht gibt. Rollenspiel fallen also sehr unterschiedlich aus und unterscheiden sich hinsichtlich ihrer Intension, Verlauf, Struktur, wie Einführung in das Rollenspiel und Informationen, Rollen- und Situationsvorgaben, Inhalt zum Charakter der zu spielenden Person, Auswertungsphase und den Trainervorgaben, sowie der Zielsetzung.

Soll das Rollenspiel in der Ernährungsberatung Anwendung finden, so sollten folgende Merkmale gegeben sein. Wichtig ist, dass die Personen sich selbst spielen, da es um ihr eigenes Ernährungsverhalten geht. Zu Beginn eignen sich wohl vertraute Problemsituationen, die in der Gruppe später analysiert werden können Die Situation sollte zumindest anfangs der Realität entsprechen. Später können gegebenenfalls fiktive Situationen durchgespielt und weitere möglicherweise eintretende Problemsituationen nachgestellt werden. Der Trainer sollte nicht zu strenge Vorgaben machen, sondern behutsam die Teilnehmer an das neue Medium heranführen, da es für die Beteiligten neu ist. Wenn sich die Teilnehmer spontan verhalten sollen, ist es sogar besser, wenn die Spieler nicht an Vorgaben gebunden sind. Weiterhin sollte der Trainer unbedingt während des gesamten Zeitraums anwesend sein und die Gruppe leiten. Die Gruppe hat ein gemeinsames Anliegen in der Ernährungsberatung, bspw. eine Gewichtsreduktion. Somit ist das Ziel bereits vorbestimmt. Weitere beiläufige Ziele sind jedoch nicht ausgeschlossen. Allerdings ist eine bestimmte Richtung bereits vorgegeben. Es geht also nicht primär um Durchsetzungsvermögen gegenüber anderen Familienmitgliedern sondern um eine Gewichtsabnahme. Der Trainier hat ein Konzept und die Übungen sind durchgeplant. Dabei stehen die Probleme der Spieler im Mittelpunkt.
Um die Abgrenzung zu anderen Spielformen zu verdeutlichen, werden im nächsten Schritt weitere Spielformen vorgestellt.

2.3.2 Abgrenzung des Rollenspiels zu anderen Spielformen

Im vorherigen Kapitel wurde das Rollenspiel ausführlich erläutert. Um den Arbeitsgang transparent zu machen und eine Verwechslung mit anderen Spielformen auszuschließen, folgt an dieser Stelle eine kurze Erläuterung von Psychodrama, Planspiel, szenischem Spiel, Simulation, darstellendem Spiel und Schauspiel.

Psychodrama

Im Gegensatz zum Rollenspiel, welches zu den pädagogischen Methoden zählt, verfolgt das Psychodrama therapeutische Ansätze. Als Gruppenpsychotherapie ermöglicht das Psychodrama die Lösung bestimmter Probleme, die sonst nicht zu lösen wären, wie bspw. die Behandlung von Neurosen (vgl. van Schützenberger 1976, S. 22). Dabei schließt das Psychodrama verschiedene Verfahrensweisen und unter anderem auch Rollenspiele mit ein (vgl. Sader 1986, S. 153).

Planspiele

Die ursprüngliche Verwendung von Planspielen fand im militärischen und später auch im ökonomischen und politischen Bereich statt. Hier diente es dazu, Konsequenzen riskanter oder kostspieliger Pläne am Modell aufzuzeigen und zu bewerten. Neuerdings werden solche Spielformen für die Planung, Problemlösung, Aus- und Weiterbildung verwendet, wobei die Teilnehmer mit einem Problem konfrontiert werden und es dieses zu lösen gilt (vgl. Buddensiek 1992, S. 18). Vereinfachte Spielmodelle sollen den Inhalt der Lernziele näher bringen. Gleichzeitig wird eine Stärkung der individuellen und sozialen Verhaltensweisen angestrebt (vgl. Ochs 1985, S. 8). Im Planspiel übernehmen die Teilnehmer die Rollen der verschiedenen Interessengruppen, die in dem Problem oder Konflikt involviert sind (vgl. Ebert 1992, S. 28). Diese Spielform kann dazu dienen, gesellschaftliche Probleme in einem dynamischen Modell darzustellen. Ebenso können diese durch die Rollenübernahmen im Spiel gelöst werden (vgl. Buddensiek 1992, S. 18). Bei diesen Lernspielen geht es vor allem um die Förderung von Handlungskompetenzen, die durch Reflektion und Aktion entstehen sollen (vgl. Jacobs, Schalück 2010, S. 23). Die Rollenanweisungen und Spielregeln sind dabei festgelegt (vgl. Ochs 1985, S. 69).

In Abgrenzung zum Rollenspiel findet das Planspiel meist in Unternehmen Anwendung als Entscheidungshilfe oder auch als Bildungsmethode. Aus diesem Grund wird es auch häufig als Unternehmensplanspiel bezeichnet (vgl. Schmidt 1988, S. 43). Weiterhin setzt das Planspiel Fachwissen voraus und erstreckt sich meist über mehrere Tage (ebd. S. 64).

Szenisches Spiel

Scheller (2004) unterscheidet das szenische Spiel von dem Rollenspiel. Er sieht das Rollenspiel als eine offene und eher unstrukturierte Spielsituation und beschreibt es mit den gleichen Merkmalen wie SHAW die unstrukturierte Form.

Im szenischen Spiel werden den Lernprozessen eine geeignete und differenzierte Rollen- und Situationsvorgabe zur Verfügung gestellt und Spielverfahren eingesetzt, die das ganze Spektrum von Wahrnehmungs-, Vorstellungs-, Denk- und Verhaltensmöglichkeiten ansprechen, darstellen und deuten können. Ebenso ist erforderlich, dass szenische Handlungen und Lernsituationen inhalts- und zielorientiert geplant, angeleitet und kontrolliert werden (vgl. Scheller 2004, S. 33).

Das szenische Spiel stellt eine Art Lernform dar, welches im schulischen und außerschulischen Bereich einsetzbar ist. Es dient nicht dazu, spiel- und theaterpädagogische Konzepte und Verfahren aufzubereiten oder darzustellen (ebd. S. 9). Sondern es geht um die Darstellung und um das, was die Spieler in ihren Rollen von sich zeigen und erfahren (ebd. S. 71). In der Lehrlingsausbildung und Weiterbildung ist das szenische Spiel geeignet, konfliktbehaftete Unterrichtssituationen zu rekonstruieren und die Projektions- und Abwehrprozesse zu untersuchen (ebd. S. 12). Das szenische Spiel als Medium kann bei nahezu allen Themen eingesetzt werden, die Menschen in unterschiedlichen Lebensaltern und Lebenszusammenhängen beschäftigen (ebd. S. 168).

Die Teilnehmer sind auf die Intervention des Spielleiters und seine Rolle als Moderator angewiesen. Er darf immer wieder das Spiel unterbrechen und kann die Teilnehmer in ihrer Haltung erstarren, sie überlegen und ihre momentanen Gefühle, Emotionen und Gedanken aussprechen lassen. Er korrigiert Tonfall, Gesten und Mimik und hilft den Spielern im Rollengespräch bei der Einfühlung in die Rolle. Die dabei entstehenden Brüche des Spielflusses sind wichtig, da Störungen Vorrang haben. Im szenischen Spiel kann, neben dem Moderator auch nicht auf die Beobachter verzichtet werden, da sie beschreiben und zeigen, welche Haltungen im Spiel sichtbar geworden sind und welche Beziehungen die Spieler über ihre Handlungen, Gestik und Sprache aufgebaut bzw. abgebrochen haben. Dabei beschränken sie sich nicht nur auf verbale Deutungen sondern konzentrieren sich auch auf nonverbale Aspekte, spiegeln, demonstrieren und kommentieren ihre Wahrnehmung. Vor allem die Benutzung und Einhaltung von Feedback Regeln ist hierbei sehr wichtig (ebd. S. 31).

Die Rollen- und Situationsvorgabe, die als Szene umgesetzt werden soll, muss so beschaffen sein, dass die Teilnehmer bei der Aneignung nicht nur ihr eigenes Rollenrepertoire wiederholen, sondern mit fremden idealisierten oder noch unbekannten Haltungen konfrontiert werden (ebd. S. 33). Im szenischen Spiel können die Spieler erlebte und vorgestellte Rollen und Szenen rekonstruieren, erkunden und interpretieren, in denen sie nicht nur reale Situationen in ihrer Wirkung erfahren, sondern sich im Schutze der Rolle auch eigene Haltungen und Verhaltensweisen in solchen Situationen bewusst machen (ebd. S. 12).

Simulation

Unter Simulation wird im Allgemeinen ein Prozess verstanden bei dem es um die Konstruktion eines Modells geht. Diese Modelle werden verschiedenen Tests unterzogen, um neue Erkenntnisse zu sammeln. Somit dient die Simulation der Untersuchung verbaler Theorien und der Überprüfung von Hypothesen. Viele Wissenschaftler sehen jedoch keinen Unterschied zwischen Simulation und Rollenspielen.

Grob lässt sich zusammenfassen, dass es sowohl bei der Simulation, als auch bei dem Rollenspiel um Interessen von Gruppen geht. Es handelt sich um die Wahl verschiedener Alternativen in einem individuellen Entscheidungskonflikt (vgl. Shaftel 1974, S. 16ff.).

Darstellendes Spiel

Im darstellenden Spiel wird nicht von Rolle sondern von Figuren gesprochen. Es findet vorwiegend im schulischen Bereich und Theater Anwendung. (vgl. Barz 1998, S. 38). In der Fachliteratur unterscheidet sich jedoch das darstellende Spiel vom Rollenspiel hinsichtlich seiner Struktur und Funktion. (ebd. S. 8).

Im darstellenden Spiel sind grundsätzlich die Figuren und Zuschauer voneinander getrennt. Somit grenzt es sich vom Rollenspiel ab, da hier die Teilnehmer zwischen Spieler und Beobachter wechseln (ebd. S. 40).

Schauspiel

Das Schauspiel zielt darauf ab, die Zuhörer zu unterhalten, sie zu belustigen oder zu bewegen. Das Schauspiel ähnelt dem Adressatenansatz des Rollenspiels, allerdings sind die Rollenspieler keine professionellen Künstler, sondern nur Laien. Von den anderen Rollenspieltypen unterscheidet sich das Schauspiel, da hier Einfluss auf das Publikum genommen wird. Beim Rollenspiel geht es in erster Linie um die Erfahrung eines Problems der Betroffenen selbst (vgl. van Ments 1983, S. 18f.).

Es existieren noch weitere Spielvariationen, auf die jedoch auf Grund des vorgegebenen Rahmens nicht eingegangen wird, wie bspw. Rollenrotation, Rollentausch und andere Spielverfahren. Deshalb wird an dieser Stelle auf die Fachliteratur verwiesen (vgl. van Ments 1983, S. 96).

Abschließend ist festzuhalten, dass allen Spielformen gemeinsam ist, dass sie in einer Scheinwelt stattfinden und ohne Konsequenzen bleiben (vgl. Jacobs, Schalück 2010, S. 21).

Jedoch gibt es ebenso wie bei den unterschiedlichen Rollenspieltypen klare Grenzen der Spielformen hinsichtlich ihrer Intension, Struktur und Einsatzmöglichkeiten. Diese werden im nächsten Punkt beschrieben.

2.3.3 Einsatzmöglichkeiten und Verwendungszwecke des Rollenspiels

Das Rollenspiel als Methode findet in den verschiedensten Wissenschaften und Praxisbereichen Anwendung. Das Rollenspiel hat in der psychologischen Fachliteratur fast ausschließlich die Funktion eines pragmatischen Hilfsmittels (vgl. Sader 1986, S. 13). Die Anwendungsgebiete sind unterschiedlich, ebenso wie die Personengruppen innerhalb des Rollenspiels. Das bedeutet, dass die Zielgruppe der Spielteilnehmer die Rollenspielkonzeption bedingt (vgl. Wendlandt 1977, S. 6). Genau wie Simulationen gehören auch Rollenspiele als Verfahren in die Bereiche der Aus- und Weiterbildung (vgl. van Ments 1983, S. 12). Bei der Ausbildung von Sozialberufen wie Ärzten, Erziehern, Psychologen, Lehrern, Sozialarbeitern usw. werden Rollenspiele häufig eingesetzt (vgl. van Schützenberger 1976, S. 20). In der Sozialwissenschaft wird das Rollenspiel als Mittel verwendet, um in Situationen die in der Wirklichkeit nicht beobachtet werden können zu experimentieren, aber auch um Personen zu ermutigen sich selbst stärker auszudrücken. Ebenso werden Rollenspiele bei Prüfungen oder als zielgerichtetes Lernverfahren in Schulen oder Universitäten verwendet (vgl. van Ments 1983, S. 19).

Rollenspiele können neben der Gruppenberatung auch den Schwerpunkt der Erziehung haben (vgl. Shaftel 1974, S. 14). Vor allem in der Pädagogik hat es bedeutende Funktionen wie Schulung von Wahrnehmung oder Unterstützung sozialer Fähigkeiten und Fertigkeiten, Erprobung von Handlungsformen und fordert die aktive Ausgestaltung, sowie Veränderung bestehender Lebensbedingungen (vgl. Broich1991, S.9). Weiterhin finden Rollenspiele Einsatz in der Verhaltensschulung oder Persönlichkeitsbildung, sowie bei zwischenmenschlichen Problemen, um Einstellungen zu ändern und Verhaltensweisen zu üben (vgl. Schmidt 1988, S. 23). Mediations-Rollenspiele dienen sowohl zur Einübung von Fertigkeiten als auch zur Einfühlung in zukünftige Konflikte (vgl. Hoffmann, et. al. 2001, S. 8). Hierbei dienen sie unter anderem als Feedback für den Gruppenleiter, da das Rollenspiel ein Training für seine Qualifizierung darstellt (ebd. S. 88).

Ebenso können Rollenspiele ein effektives Instrument darstellen, wenn es um die kommunikativen Kompetenzen der Betroffenen geht. Die kommunikativen Kompetenzen können trainiert oder erweitert werden. Vor allem in schwierigen Gesprächssituationen ist das Rollenspiel eine typische Methode und findet hier Einsatz (vgl. Schmidt 2009, S. 101). Bei Bliesener 1994 geht es in erster Linie bei den Rollenspielen um Gespräche zu Supervisions-, Übungs- oder Dokumentationszwecken (vgl. Bliesener, et al. 1994, S. 7).

Die Zielsetzung bei der Verwendung von Rollenspielen ist ebenso facettenreich, wie ihr Einsatzgebiet. So stellen bspw. der Abbau von Hemmungen, die Verbesserung der Selbstwahrnehmung und die Entwicklung von Selbstsicherheit Lernziele dar. Ebenso kann Einfühlungs- oder Durchsetzungsvermögen geübt und verbessert werden (ebd. S. 13). Steht eine Verhaltensmodifikation im Vordergrund, so muss beachtet werden, dass die Akteure im Rollenspiel unbewusst oder beabsichtigt unnatürliches Verhalten zeigen können. Dieses Phänomen der Artefakte kann ebenfalls in der simulierten Kommunikation auftreten und wird im nachfolgenden erläutert.

2.3.4 Artefakte

Als Artefakte werden Verhaltensweisen bezeichnet, die bei Rollenspielen oder simulierten Gesprächen den Anschein erwecken, unecht zu sein (vgl. Bliesener, et al.1994, S. 155). Damit der Trainer nicht seine Verfahrensfreiheit oder das Training seinen Charakter verliert, ist es von vornherein wichtig, die Bedingungen möglichst natürlich zu gestalten, um die Gefahr von Artefakten zu minimieren. Ein Artefakt ist somit eine situationsspezifische Verhaltensbesonderheit eines Individuums (ebd. S. 18). Bei Artefakten kann beobachtet werden, dass ein Widerspruch vorliegt zwischen aktuellem Innenleben und Außenbekundung einer Person, z.B. durch vorgetäuschtes Wissen / unechten Gefühlsausdruck, oder ein Unterschied zwischen gegenwärtigem und üblichem Erleben, bzw. Verhalten einer Person. Alles, was menschliches Verhalten beeinflusst, kann in Rollenspielen zur potentiellen Entstehung von Artefakten führen (ebd. 1994, S. 10).
Tritt ein unnatürliches Verhalten im Spiel auf, so muss dies explizit in der Auswertungsphase angesprochen werden. Zunächst wird daher der Ablauf des Rollenspiels, bei dem die Auswertungsphase ein wichtiger Bestandteil ist, dargestellt.

2.3.5 Verlauf des Rollenspiels

Vor Spielbeginn wird geklärt, ob die Beobachter in den Spielablauf eingreifen dürfen. Am Spielende werden die Spiel- und Beobachtungserfahrungen ausgetauscht. Dies kann als Ausgangspunkt für ein neues Andersspielen der gleichen Spielszene oder zur Vorbereitung einer neuen Spielszene dienen (vgl. Broich 1991, S. 20). Im ersten Schritt wird das Problem definiert und eingegrenzt. Im zweiten Schritt werden die Handlungsalternativen dargestellt. Es folgt im nächsten Schritt die Erforschung von Alternativen und deren Folgen. Im letzten Schritt findet der Entscheidungsprozess statt (vgl. Shaftel 1974, S. 16).

Nach Broich gliedert sich das Rollenspiel in vier aufeinander aufbauende Spielphasen. Die erste Phase (Interaktionsphase) soll eine Hinführung zur Spiel- und Gruppenfähigkeit sein. Vor jeder Rollenspielarbeit ist der Spielgruppe eine möglichst hohe Gruppensicherheit mit einer gemeinsamen Zielsetzung zu gewährleisten, denn ungewohnte Situationen können eine Spielhemmung provozieren. Zur Rollenspielbefähigung eingesetzt werden können nonverbale und verbale Interaktionsübungen. Bei der zweiten Phase (Motivationsphase) geht es unter anderem um das Aufwärmen der Spielgruppe, Vorinformation der zu spielenden Szene, Rollenübernahme, Planung des Aufbaus und Inhaltes des Spiels und der Beobachtungskriterien. In der dritten Phase, der Rollenspielphase geht es um die Aktivität des Spiels. Beachtet werden soll die Spielzeit eines spontanen und freien Rollenspiels, welches höchstens 10 Minuten dauern sollte. Dauert das Szenario länger, so wird die Spielunlust der Teilnehmer gefördert und die Beobachtungsfähigkeit des Spielablaufs eingeschränkt. Die vierte Phase ist die Reflexionsphase, bei der die Spieler und Beobachter befragt werden. Anschließend bietet sich die Möglichkeit an, die im Spiel erfahrenen Konfliktlösungsmöglichkeiten in der Lebenswirklichkeit zu überprüfen und anzuwenden, vorausgesetzt der Inhalt stammt aus dem persönlichem Handlungsfeld der Rollenspieler. Ebenso sind mögliche Folgen der Praxisanwendung in der Reflexionsphase zu behandeln (vgl. Broich 1991, S. 31f.).

Da die Auswertungsphase von großer Bedeutung ist, wird sie im Folgenden näher erläutert. Ein Synonym für die Auswertungsphase ist Reflexionsphase oder auch Diskussion (vgl. van Ments 1983, S. 111). Wichtig in dieser Phase ist das explizite Ansprechen von vermeintlichen Artefakten. Beim Feedback sollten sich die Teilnehmer vor allem auf Stärken konzentrieren, auch wenn die ein oder andere kommentierte Stärke nur als Artefakt des Trainings aufgetaucht ist. So kann die Motivation und künftige Fertigkeit des Spielers beflügelt werden. Eine Korrektur am Artefakt schwächt jedoch den Spieler. Wird die Auswertung des Artefakts ins Allgemeingültige verlagert so kann man dennoch etwas daraus lernen, zwar nicht über die eigenen individuellen Gewohnheiten aber über generelle Regelmäßigkeiten in der Kommunikation. Auf diese Art und Weise lässt sich auch mit dem Risiko der Artefakte arbeiten (vgl. Bliesener, et al. 1994, S. 17).

Weiterhin besteht in der Auswertungsphase die Möglichkeit für die Rollenspieler sich zu der gespielten Rolle zu äußern, die sie soeben gespielt haben. In der Feedbackrunde werden verschiedene Möglichkeiten eröffnet, Bezug auf das eigene oder auf das gespielte Verhalten zu nehmen (vgl. van Ments 1983, S. 22).

Die Auswertungsphase sollte nicht als Überprüfung für den Spielleiter gelten, ob die Teilnehmer etwas gelernt haben, sondern als Rückmeldung für die Spieler. Aus diesem Grund kann die Phase auch als Reflektionsphase bezeichnet werden. Die Spieler sollen selbst imstande sein die Bedeutung des neu Erlernten für sich selbst wahrzunehmen und zu analysie-

ren. In dieser Phase dient die Diskussion ebenfalls dazu, dass die ganze Gruppe die neuen Konzeptionen noch einmal prägnant zusammenstellen kann (ebd. S. 42). Die Auswertungsphase ist der wichtigste Teil des Rollenspiels, da sie häufig erst den gewünschten Lerneffekt bei den Klienten bewirkt. Denn an dieser Stelle können Konsequenzen aus dem Handeln analysiert und Schlüsse gezogen werden. Wenn das Rollenspiel zu dem Zweck eingesetzt wurde, sich neue Fertigkeiten anzueignen oder neuartige Situationen zu erproben, kann es so oft wiederholt werden bis der gewünschte Grad an Beherrschung erreicht ist. Folgeaktivitäten nach dem Rollenspiel können beispielsweise sein, das soeben Gelernte in die Praxis umzusetzen (ebd. S. 43). Die Auswertung ist die wichtigste aller Rollenspielaktivitäten, denn in dieser Phase klärt sich die Zielsetzung der gesamten Handlung. Hier wird die Lernabsicht noch einmal hervorgehoben. Wichtig ist in diesem Schritt den Teilnehmern zu helfen, wieder aus ihren Rollen herauszufinden, damit die Spieler sich vollständig aus der Handlung lösen können, in die sie zuvor eingetaucht sind. Dadurch ist auch gewährleistet, dass die Aufmerksamkeit der Teilnehmer nicht mehr an ungelösten Problemen des Rollenspiels hängt (ebd. S.111). Es bietet sich an, bei Bedarf die Situation noch einmal in einer leicht veränderten Version zu wiederholen, um einen anderen Lösungsweg zu suchen (ebd. S. 112).
Eine weitere bedeutsame Aufgabe der Auswertungsphase besteht darin das Rollenspiel mit dem gesamten Lernvorgang in Verbindung zu bringen, bspw. durch einen Rückblick auf ursprüngliche Absichten oder einen Vorausblick auf Zukünftiges. Die Auswertungsphase sollte unmittelbar nach dem Spiel erfolgen, um einen großen Effekt zu erzielen. In der Regel sollte die Auswertungszeit ebenso lang sein wie die Spielzeit (ebd. S. 113).

Der erste Schritt der Auswertung beim Rollenspiel ist das Rollenfeedback, bei dem die Teilnehmer zuerst ihre Gefühle und Eindrücke in ihrer gespielten Rolle schildern. Anschließend geben die Beobachter den Protagonisten ein Feedback darüber, wie sie auf sie gewirkt haben. Dabei soll es nicht die Aufgabe des Rollenspielers sein dem Protagonisten Tipps oder Ratschläge zu geben, genau so wenig wie der Protagonist bewertet werden soll. Auch hier gelten die allgemeinen Feedback Regeln. Beim zweiten Schritt, dem sogenannten *Sharing* teilen die Gruppenmitglieder ihre eigene Erfahrung mit, die den Erfahrungen des Protagonisten gleichen. So erhält der Protagonist einerseits das Feedback, dass er nicht als einziger dieses Problem hat und andererseits erhalten so die anderen Beobachter die Gelegenheit das Miterleben auf eigene Erfahrungen und Situationen zu übertragen. Bei dem dritten und letzten Schritt liegt der Schwerpunkt der Auswertung auf dem Beobachterfeedback. Die Gruppe soll eine Rückmeldung geben. Hierbei sind Beobachtungen der Zuschauer erwünscht. Unerwünscht sind Verhaltensbewertungen der Spieler oder Ratschläge was sie hätten machen sollen (vgl. Schmidt 2009, S. 162).

Die Auswertung dient der Evaluation der Ereignisse und kann deshalb auch Evaluationsphase genannt werden. Folgende Aktivitäten zeichnen diese Phase aus: Zum einen die Bewertung des Rollenspiels, seines Verlaufs und dessen Wirkung, zum anderen werden die Ergebnisse zusammengefasst (vgl. Geise 1992, S. 200). Schmidt 2009 untergliedert das Rollenspiel in sieben Phasen, die in der folgenden Abbildung dargestellt werden.

Schmidt 1988 unterteilt das Rollenspiel in vier aufeinanderfolgende Phasen. Das Spiel beginnt mit der Aufwärmphase, bei der die Problemstellung bekannt gegeben wird. Es folgt die zweite Phase, bei der die Rollenspieler ausgesucht werden. In der dritten Phase wird ein Szenario aufgebaut und die Situation geplant. Es folgt die vierte Phase, bei der die Zuschauer auf ihre Aufgabe vorbereitet werden. Anschließend wird das Rollenspiel durchgeführt. Nach der fünften Phase folgt die Auswertung, die eine Diskussion und Bewertung beinhaltet. Im siebten und letzten Schritt erfolgt eine Zusammenfassung, hier werden die Erfahrungen der Teilnehmer zusammengetragen (vgl. Schmidt 1988, S. 20).

Abb. 1.: Ablauf des Rollenspiels / Planung Struktur

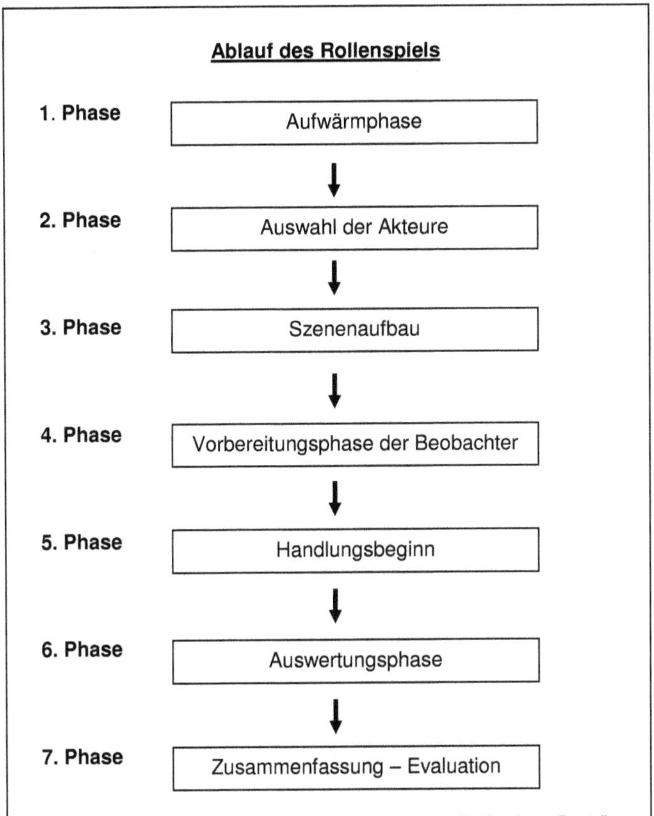

Quelle: eigene Darstellung

2.3.6 Spielleiterqualifikationen und Funktion

Das Rollenspiel erfordert eine professionelle Ausbildung, um als wirksames Werkzeug zu funktionieren. Vor allem sind hohe Anforderungen an die Sensibilität und Aufmerksamkeit des Spielleiters gestellt. Es erfordert eine ständige Zusammenarbeit zwischen Trainer und Teilnehmern. Die drei Aspekte, die als Basiskomponente gelten sind eine gründliche Kenntnis der Rollenspielmethodik, ein Gespür für individuelles bzw. Gruppenverhalten, sowie Selbstkenntnis, Reife und Ausgeglichenheit. Weiterhin gehört zu den Spielleiterqualifikationen die verantwortungsvolle und bewusste Kontrolle des Geschehens (vgl. van Ments 1983, S. 32ff.). Der Spielleiter sollte sich stets bewusst sein, dass er die Voraussetzungen und mögliche Folgen von Rollenspielen kennt, um unerwünschten Auswirkungen vorzubeugen. Der Umfang des Szenarios sollte wohl überlegt und nicht überladen sein. Der Spielleiter sollte sich seiner Zielgruppe bewusst sein und um welches zentrale Problem es sich handelt (vgl. van Ments 1983, S. 38ff.). Der Spielleiter sollte den Teilnehmern zu Beginn des Seminars mitteilen was die Zielsetzung ist. Weiterhin muss den Teilnehmern gesagt werden was sie tun sollen, wo und wie lange. Wird ein vorgefertigtes Rollenspiel verwendet so muss der Spielleiter gegebenenfalls die Rollen an die Erfordernisse der Situation anpassen (ebd. S. 73). Die Aufgaben des Spielleiters sind Auswählen und Überwachen des Spielverfahrens, Informationsbeschaffung, Treffen von Entscheidungen, Einhalten der Zeit, er soll Probleme korrigieren, aber nicht als Therapeut handeln (ebd. S. 105). Das Gelingen eines Rollenspiels ist abhängig vom Charakter der Spielteilnehmer, dem Thema / Problem des Rollenspiels und der Persönlichkeit des Trainers (vgl. Bliesener, et al. 1994, S. 124).

Zu den Qualifikationen des Spielleiters gehören bspw. die Kenntnis von Zeichen, Normen und Sanktionen und Sanktionsertragung, sowie deren Vermeidung, die Fähigkeit zur Aussendung von wahrnehmbaren Signalen, die Sichtbarmachung von Rollendistanz, Selbstdarstellung, die Hinterfragung eigener verinnerlichter Normen und Wertvorstellungen, Durchführung von Rollenwechseln und das Einhalten von Normen (vgl. Broich 1991, S. 18). Es spielt entweder eine Einzelperson oder eine Gruppe, bei der alle Protagonisten gleichberechtigte Partner sind. Der Trainer kann in das Spiel und in den Ablauf der Sitzung eingreifen, muss aber nicht zwingend selbst mitspielen (vgl. van Schützenberger 1976, S. 37).
Diese Mindestqualifikationen lassen sich den Bereichen Grundwahrnehmungskompetenzen für die Durchführbarkeit von Interaktions- und Rollenspielen, Kenntnis- und Toleranzkompetenzen der Rollenabweichung und Verhaltensqualifikationen, um Frustrationstoleranz und Rollenambivalenz ertragen zu können, zuordnen (vgl. Broich 1991, S. 20).

Schwierigkeiten entstehen, wenn der Spielleiter die notwendigen Grundqualifikationen zum Rollenspiel nicht besitzt. Daher ist es unverzichtbar, dass der Spielleiter zumindest selbst Spielerfahrung hat, um auch als Kontrollinstrument bei den interaktionspädagogischen Prozessen sich angemessen verhalten zu können. Beim Fehlen dieser Grundqualifikationen kann bei der Durchführung von szenischen Spielfindungen nicht von einem pädagogischen Rollenspiel gesprochen werden, da ein zielgerichteter Einsatz nicht gewährleistet ist.“ So beschreibt DAUBLEBSKY (1979), dass der Erfolg des Spielens maßgeblich vom Verhalten des Spielleiters beeinflusst wird. Dies steht im Zusammenhang mit der besonderen Funktion des Spielleiters in Gruppen, in denen er mit zusätzlichen Erwartungen belegt wird (vgl. Daublebsky, 1979 zitiert nach Broich 1991, S. 20).

Aufgabe des Spielleiters ist es zu intervenieren und somit seine gezielten Spielleiterfähigkeiten einzusetzen. Zöchbauer / Hoekstra (1974) nennen weiterhin Wissen über Gruppendynamik und Kommunikationswissenschaften als Spielleiterqualifikation (vgl. Zöchbauer / Hoekstra, 1974 zitiert nach Broich 1991, S. 21).

Jedes Rollenspiel hat seine Grenzen, die nicht überschritten werden sollen. Problembehaftet ist einerseits wenn der Spielleiter unerfahren ist und die Kontrolle über das Spiel verliert und andererseits wenn der Spielleiter versucht im Rollenspiel zu experimentieren. Kommen bei dem Spieler Emotionen auf, so muss der Spielleiter besonders feinfühlig sein und den weiteren Spielverlauf vorausbedenken, sodass niemand darunter leidet. Dies setzt eine besondere Beziehung der Spieler untereinander und zum Spielleiter voraus. In der Auswertungsphase sollte auf negative Kritik verzichtet werden, um das Klima in der Gruppe nicht zu strapazieren. Ebenso sollten die Charaktere in der Diskussionsrunde in ihren Rollen bleiben. Die Aufzählungen der Spielleitereigenschaften können noch weiter fortgesetzt werden, wie bspw. Kommunikationsfähigkeit, Einsicht, Flexibilität im Umgang mit unerwarteten Entwicklungen, Vorstellungskraft (vgl. van Ments 1983, S. 109f.).

3 Transfer der Anwendung von Rollenspielen auf die Ernährungsberatung von Gruppen

In den vorangehenden Kapiteln wurden die verschiedenen Rollenspielformen ausführlich dargestellt und beschrieben, wie die unterschiedlichen Einsatzmöglichkeiten aussehen können. Im Folgenden soll nun der Transfer des Rollenspiels auf die Ernährungsberatung in Gruppen erörtert werden. Hierfür werden zunächst die Parallelen aufgezeigt und anschließend die Vor- und Nachteile diskutiert. Dabei wird besonders auf die Bedeutung der Rollenspiele als Verhaltenstraining eingegangen, da dieses bei der Modifikation des Ernährungserhaltens eine Schlüsselfunktion besitzt. Darüber hinaus sollen abschließend einige Handlungsempfehlungen für die konkrete Rollenspielpraxis dargestellt werden.

3.1 Parallelen der beiden Methoden

Werden die beiden Methoden gegenübergestellt, so lassen sich Parallelen hinsichtlich der Struktur, des Inhalts und der Spielleiter- bzw. Beratereigenschaften (im folgenden Gruppenleitereigenschaften genannt) feststellen.

Ebenso wie in der Beratung so muss auch das Rollenspiel eine gut strukturierte Durchführung und einen durchdachten Aufbau aufweisen, der in das Gesamtkonzept passen muss (vgl. Schmidt 2009, S. 289). Zu den grundlegenden Aspekten der Gruppenarbeit gehören

neben der Teilnehmer-Interaktion auch die Gesprächsführung und der Problemlösungsprozess (vgl. Diedrichsen 1993, S. 59). Weitere strukturelle Parallelen finden sich in der Anzahl der Teilnehmer. Eine intensive Beratungsarbeit kann nur bei einer begrenzten Gesamtzahl von Teilnehmern geleistet werden, denn im Gespräch wird viel Zeit benötigt, um sich auf die Personen einzustellen und diese zu klären (ebd. S. 46). Die Teilnehmer sollten sich gegenseitig respektieren, Offenheit entgegenbringen und partnerschaftlich miteinander umgehen.
Unter den inhaltlichen Parallelen ist anzuführen, dass sowohl in der Ernährungsberatung, als auch im Rollenspiel Verhaltensprobleme, Konflikte oder Entscheidungsprobleme und das Umlernen von Verhaltensweisen im Mittelpunkt stehen. Daher sollte zu Beginn der Sitzung die Erwartungshaltung geklärt werden. Grundvoraussetzung hierbei ist die Einsicht, dass jeder Teilnehmer die Fähigkeit besitzt mit den eigenen Lebenssituationen fertig zu werden. Dies beinhaltet den Aspekt, Probleme mit Verstand anzugehen (vgl. Shaftel 1974, S. 66).

Auch bei den Guppenleitereigenschaften gibt es Parallelen, wie z. B. das Erfordernis einer professionellen Ausbildung. Bei unerfahrenen Beratern sollte daher ein Ausbilder anwesend sein, um gemeinsam die Besprechung durchzuführen und die Gesprächsführung zu überwachen (vgl. Diedrichsen 1993, S. 46). Wie effektiv die Gruppenarbeit ist, hängt stark mit dem Ausbildungsniveau und der Persönlichkeit des Gruppenleiters zusammen (ebd. S. 23).
Weiterhin sind dem Rollenspiel und der Ernährungsberatung gemeinsam, dass bei beiden die Gruppenleitung nicht aus Therapeuten besteht. Dennoch gibt es Ähnlichkeiten zur Therapie. Eine Verhaltensänderung umfasst zwar auch die Loslösung unerwünschter Verhalten und Haltungen, jedoch unterscheidet sich der therapeutische Prozess einer Gruppenberatung hinsichtlich der Fähigkeiten, Zusammenhänge und Wissen. Die Voraussetzungen der beiden Methoden sind unterschiedlich, vor allem die Verantwortlichkeit bei Entscheidungen in Konfliktsituationen (vgl. van Ments 1983, S. 107). Ebenso ist der Ernährungsberater kein Therapeut, denn hier trifft der Klient die Entscheidung in eigener Verantwortung und nicht der Berater (vgl. Diedrichsen 1993, S. 1). Zu den wichtigsten Moderatoreigenschaften gehören bei beiden Methoden eine unvoreingenommene und objektive Haltung, sowie der Verzicht auf Ratschläge oder Interpretationen. Die Teilnehmer stehen in ständiger Interaktion. Daher ist es wichtig eine offene Kommunikation zu führen. Meist wirken sich die Beratereigenschaften positiv auf die Lösung des Problems und das seelische Befinden des Klienten aus (ebd. S. 28). Dies gilt ebenso für das Rollenspiel, denn auch hier sollte der Spielleiter ein hohes Maß an Feingefühl und Aufmerksamkeit mitbringen.
Bei beiden Arbeitsmethoden müssen die Gruppenleiter darauf achten, dass Feedbackregeln eingehalten werden. Vor allem bei der Auswertung muss der Trainer stark darauf achten, dass entweder beschreibende oder positive Rückmeldungen gegeben werden. Dies ist besonders der Fall wenn es sich um eine echte eigene Gesprächssituation des Teilnehmers

handelt und dieser keine Rolle, sondern sich selbst gespielt hat. (vgl. Schmidt 2009, S. 292). Für eine angenehme Atmosphäre und somit ein erfolgversprechendes Beratungsgespräch bilden die methodisch-didaktischen Fähigkeiten und eine gute Organisation die Voraussetzung (vgl. Gölz 2002 S. 497). Ebenso ist das Klima innerhalb der Gruppe im Rollenspiel von Bedeutung. Der Gruppenleiter sollte stets darauf achten, dass kein Konkurrenzverhalten oder Ähnliches auftritt. Wird das Rollenspiel in der Ernährungsberatung angewendet, so hat der Berater zugleich die Funktion eines Spielleiters. Für die Einsatzmöglichkeiten werden im Folgenden die Vor- und Nachteile diskutiert.

3.2 Diskussion der Vor- und Nachteile

Um das Leistungspotential der Klienten zu wecken, muss ihre Persönlichkeitsentwicklung gefördert werden. Dies gelingt am besten, wenn interessierte und bereitwillige Menschen Gelegenheiten zum Lernen und zum Anwenden ihrer Fähigkeiten geboten bekommen (vgl. Diedrichsen 1993, S. 1). Aus diesem Grund ist ein Rollenspiel vorteilhaft, da hier die Teilnehmer aktiv eingebunden werden und neue Verhaltensweisen ausprobieren können. Verhaltenswünsche und tatsächliches Verhalten klaffen häufig auseinander und führen nicht selten zu Enttäuschung, Entmutigung oder Depression. Dem Rollenspiel kommt hierbei die Funktion zu, keine unrealistischen Wünsche zu entwickeln, sondern dass die Teilnehmer sich mit ihren Wünschen auseinandersetzen und realistische Verhaltensalternativen entwickeln und erproben (vgl. Scheller 2004, S. 144).

Im Rollenspiel kommt der Alltag oder die Alltagsbezogenheit besser zur Geltung als bei der Erklärung der wissenschaftlich sicherlich richtigen Nahrungszufuhr und Stoffverwertung. Die Teilnehmer erfahren im Rollenspiel, dass durch diese Methode der Lernprozess situativ, erlebnisdicht und erfolgreich gestaltet werden kann. Denn dadurch werden die Lerninhalte mit eigenem Fühlen und Denken emotional verknüpft (vgl. Schaller 2006, S. 16). Das Rollenspiel verlangt völlige Hingabe an das Problem und die Spielanalyse eine große Distanz. Bei der Auswertungsphase müssen die Teilnehmer unbedingt entrollt sein damit sie zur Analyse des Gespielten fähig sind (vgl. van Ments 1983, S. 112). Durch Rollenspiel ist es möglich Verhaltensweisen längerfristig in der Realität umzusetzen (vgl. Sader 1986, S. 19).

Der Berater muss den Teilnehmern Alternativen im Ernährungsverhalten aufzeigen und sollte genügend Zeit zum zwanglosen Ausprobieren zur Verfügung stellen. So können die Gruppenteilnehmer sich leichter mit dem neuen Ernährungsverhalten vertraut machen, das sich gegen eingeschliffene Gewohnheiten behaupten muss. Die Klienten sollen die Erkenntnis

gefühlsmäßig erleben und dabei die Umstellung der Ernährung an sich selbst als Erfolgserlebnis erfahren. (vgl. Diedrichsen 1993, S. 24f.).
Im Rollenspiel machen die Teilnehmer sowohl positive als auch negative Erfahrungen. Allerdings bleiben diese Erlebnisse in der Spielsituation ohne Konsequenzen und die positiven Erlebnisse wecken weitere Erwartungshaltungen und erhöhen das Selbstwertgefühl. Neue soziale Kontakte und verstärkte kontinuierliche Motivation können eine dauerhaft gesunde Lebensführung bewirken. Durch positive Erfahrung ändern die Betroffenen ihre Denkweise allmählich und eignen sich ein gesünderes Ernährungsverhalten an. (ebd. S. 25).
Das Rollenspiel eignet sich auch deshalb in der Ernährungsberatung, da hier der Ratsuchende einen Perspektivenwechsel vornehmen kann und somit die Möglichkeit erhält sein Verhalten neu zu analysieren. Der Klient wird dabei ermutigt auch in anderen Bereichen nach Lösungen zu suchen, die bisher für ihn kaum in Frage kamen. Schlüpft der Klient in eine andere Rolle kann dies dabei helfen neue Blickrichtungen und Lösungen zu finden. (vgl. Benecke, et al. 2006, S. 41).
Weiterhin kann er im Rollenspiel das Verhalten überprüfen und nach Handlungsweisen suchen, die seinen Bedürfnissen entgegenkommen. Dabei sollen Erlebnisse so zu Erfahrungen verarbeitet werden, dass der neue Inhalt nicht einfach abgewehrt oder angeeignet wird, sondern der Blick auf eigene Vorstellungen und Verhaltensmuster gelenkt wird, sodass die Möglichkeit besteht diese dauerhaft zu verändern. (vgl. Scheller 2004, S. 19).
Um Verhalten zu verstehen, sind Lernprozesse notwendig. Dass diese Lernprozesse schwierig sind, ist vor allem dadurch bedingt, das Verhaltensmuster nur teilweise bewusst sind und sie zwar erklärt, nicht aber im ganzheitlichen Sinn begriffen werden können. Es besteht die Möglichkeit diese durch ein Rollenspiel bewusst zu machen. Gegenstand von Lernprozessen sind dabei äußere und innere Haltungen, also die Gesamtheit von Einstellungen, Vorstellungen, Interessen und Verhaltensweisen (ebd. S. 23). Klar werden sollte dabei auch warum solche Verhaltensmuster angeeignet werden und wozu sie benötigt werden. Ebenso sollen die Teilnehmer auch erfahren welche anderen vergessenen Verhaltensmöglichkeiten verfügbar sind und wie neue erlernt werden können, um die Beziehungen zu sich und dem eigenen Körper zu erweitern und zu verändern. Für derartige sinnliche Lernprozesse ist die Begriffssprache nicht ausreichend, weil sie nur erklären und rechtfertigen würde, was erst zum Bewusstsein kommen soll. Die Begriffssprache allein ist nicht in der Lage, diese komplexen und emotionalen Erlebnisse zu benennen (ebd. S. 25).

Da das Rollenspiel innerhalb seiner Grenzen frei einsetzbar ist, kann es vielseitig in der Ernährungsberatung angewendet werden. Im Rollenspiel werden nicht nur bei entscheidenden Fragen spielerische Erfahrungen mit dem Thema und dem Anwendungsgebiet gemacht, sondern es dient auch zur Vermittlung von theoretischen Erkenntnissen (vgl. Broich 1991,

S. 101). Steht also im Beratungsgespräch kein klärungsbedürftiges Anliegen, sondern nur die Informationsvermittlung, bei der ganz konkrete Beratungsanforderungen formuliert werden können, im Vordergrund, so wäre auch ein Rollenspiel als Trainingseinheit denkbar (vgl. Pudel 1991, S. 157). Besonders eignet sich das Rollenspiel um Haltungen oder Gefühle zuverlässig zum Ausdruck zu bringen (vgl. van Ments 1983, S. 21). Der Spieler kann analysieren was er in dieser speziellen Situation für Gefühle, Erwartungen und Motivationen hatte, die ihn zu diesem Verhalten bewegt haben. Auf diese Weise kann er nachspüren wie sein Erleben mit seinem Verhalten zusammenspielt und es entwickelt sich ein Selbsterfahrungsprozess (vgl. Bliesener, et al. 1994, S. 18). Dieses Verfahren erweist sich als vorteilhaft, da es eine Spanne an diskutierbaren und analysierbaren Zielsetzungen anerkennt und zugleich Gelegenheit bietet, diese zu erlernen und Gefühle besser zu kontrollieren (vgl. van Ments 1983, S. 21). Weiterhin verdeutlichen Rollenspiele die gesellschaftlich vorgeprägten und zwanghaften Verhaltensweisen, die in einem gepflegten sozialen Umgang üblich sind (vgl. Sang 1975, S. 115).

Es ist nicht das Gleiche, über etwas zu lesen oder etwas zu hören, anstelle es selbst zu tun. Vor allem Verständnis und Veränderung werden erst durch Erfahrungen initiiert. Der einzige erfolgversprechende Weg zur Entwicklung von Fähigkeiten ist der der Anwendung in realen Situationen. Der Vorteil der Anwendung in der Ernährungsberatung besteht darin, dass der Teilnehmer zum Handeln animiert wird, anstatt bloß darüber zu reden. Der Teilnehmer kann im Spiel die praktischen Erfahrungen wiederholen, um tatsächliches Verhalten zu verbessern. Weiterhin erhält der Rollenspieler schnelle Rückmeldung über seinen Lernerfolg und er wird sich viel länger daran erinnern, als wenn das Thema rein kognitiv vermittelt wird (vgl. van Ments 1983, S. 20f.). Neue Verhaltensweisen, die den erwünschten Nutzen bringen, können geübt und ausprobiert werden. Auch wenn die Umsetzung in die Realität von den Teilnehmern selbst und ohne Hilfe des Beraters geschehen muss, können doch wichtige Hilfestellungen mit dem Rollenspiel gegeben werden (vgl. Kramer 1981, S. 39).
Es besteht die Möglichkeit die gespielten Problemgeschichten im Rollenspiel weiter zu vertiefen. Dabei geht es um Aspekte wie reagieren, finden von Alternativen, erforschen von Konsequenzen und um die Wahl von Verhaltensweisen im Entscheidungsprozess (vgl. Shaftel 1974, S. 17).

Ebenso, wie die Gruppenernährungsberatung Synergieeffekte besitzt, so hat auch das Problemlösen der Spielteilnehmer den Vorteil, dass mehrere Lösungseinfälle durch ein breiteres Wahrnehmungsspektrum der Teilnehmer zusammengetragen werden und sie sich gegenseitig zum kreativen Weiterdenken anregen. Anschließend kann der Lösungsvorschlag gleich im Rollenspiel in Handlung umgesetzt werden (ebd. S. 40).

Durch Verwendung von Gruppeninteraktionen wird in der Gruppenberatung eine bessere Bewältigung von Ernährungsproblemen durch den Einfluss der Gruppe auf ihre Mitglieder angestrebt. Dadurch soll auch das Selbstverständnis der Teilnehmer gesteigert werden, um eine individuelle Verhaltensmodifikation zu erleichtern. Dabei bildet die Gruppe ein soziales System, dass emotionalen Rückhalt bietet. Gemeinsamer Erfahrungsaustausch der Gruppenmitglieder wirkt auf sie erleichternd. Die Gruppe überwacht ihre Mitglieder, um ihre persönlich gesetzten Ziele zu verwirklichen. Dabei lernen die Mitglieder von einander (vgl. Diedrichsen 1993, S. 61). Dies führt zu einem besseren Verständnis von sozialem Verhalten, Erkennen von eigenen Fehlern, Ertragen von Kritik und Durchstehen von unangenehmen Situationen, Anschaulichkeit und Wirklichkeitsnähe, Abbau von Hemmungen (vgl. Schmidt 1988, S. 24).
Ein weiterer positiver Effekt ist, dass nicht nur die Person, die das zu trainierende Verhalten einübt, sondern auch die Beobachter, Zuschauer oder Gesprächspartner in der komplementären Rolle einen Lerneffekt daraus ziehen können (vgl. Bliesener, et al. 1994, S. 22). Das Wir-Gefühl in der Gruppe stärkt die Teilnehmer und motiviert sie zum Durchhalten. Sie merken, dass sie nicht allein mit ihrem Problem sind und die Gruppe gibt den Teilnehmern Sicherheit. Allerdings ist darauf zu achten, dass die Teilnehmer sich an Spielregeln halten. Dies gilt ebenso für den Berater. Dieser sollte gewährleisten, dass der Rollenschutz gewahrt bleib. Er muss Feedback zurückweisen, das sich auf die Spieler statt auf die dargestellten Personen bezieht. Durch den Rollenschutz kann den Spielern die Möglichkeit gegeben werden selbst zu entscheiden, was sie von den Beobachtern über ihr Auftreten annehmen wollen. Die Konzentration auf die Rolle zwingt die Beobachter, alle Wahrnehmungen als Teil der Rolle zu interpretieren und nicht den Spielenden zuzuschreiben. Das stärkt einerseits das Selbstbewusstsein, andererseits fördert es die Spielwilligkeit der Teilnehmer (vgl. Scheller 2004, S. 213).

Vorraussetzung für das Gelingen ist, dass die Teilnehmer freiwillig die Beratung aufsuchen, unter keinem Zwang stehen und gruppenfähig sind. Gruppenfähig bedeutet, dass die Teilnehmer Kooperationsbereitschaft zeigen und über eine soziale Reife verfügen (vgl. Diedrichsen 1993, S. 70). Die soziale Kompetenz ist es vor allem, die die Rolle flexibel gestaltbar macht. Die kommunikative Kompetenz befähigt zur Lösung einer Lebenssituation durch Sprachhandlung. Daher kann ein Punkt für das Misslingen der Einsatzmöglichkeit sein, dass die Teilnehmer aktuell kein Interesse an einem Kommunikationsprozess haben und sich wenig engagieren. Die Motivation der Teilnehmer sollte darin bestehen, die übergeordnete Zielsetzung der Rollenspiele zu erreichen. Das heißt, dass die primäre Motivation, der Kommunikationszweck, durch die sekundäre Motivation, Rollenspielzweck, ersetzt wird (vgl. Bliesener, et al. 1994, S. 15).

Es könnte auch sein, dass die Klienten vom Arzt geschickt worden sind und deshalb Desinteresse zeigen. Diese negative Stimmung könnte Auswirkung auf andere Teilnehmer haben (vgl. Diedrichsen 1993, S. 35). Die Gruppe ist nur so stark, wie ihr schwächstes Glied. Spielt ein Teilnehmer nicht mit, so ergeben sich Interaktionsstörungen. Dieses Problem stellt auch ein Risiko für Rollenspiele dar, vor allem, wenn zwei Teilnehmer zusammen spielen sollen. Schwierigkeiten können sich in einer solchen Situationen ergeben, wenn sich der Lernende nicht in seine Rolle einfindet oder nicht damit klar kommt, dass sein Partner wenig realistisch spielt. Gefahr hierbei ist, dass die Partner sich zu sehr als wirklich sehen und behandeln. Teilnehmer können sich von der Rollendominanz der anderen anstecken lassen und selbst aus der eigenen Rolle fallen (vgl. Bliesener, et al. 1994, S. 22).
Die Gruppenmitglieder sollten nicht nur ihre persönlichen Interessen sehen und sie vor allem anderen nicht aufzwingen, sondern sich gegenseitig unterstützen. Sie sollten Beiträge zur Lösung des Problems leisten und die Interessen der Gruppe höher bewerten als ihre eigenen (ebd. S. 70). Weitere Gefahrenpunkte können bei der Darbietung zu hoher Erwartungsdruck, Lampenfieber, Peinlichkeit, Wetteifer oder Darstellungslust sein, sodass die Teilnehmer sich der Gruppe nicht öffnen (vgl. Bliesener, et al. 1994, S. 22).

Diese Arbeit kann in Frage stellen, verunsichern und Angst machen, zumal wenn sie in einer Gruppe und einer Institution stattfindet, die über offene und verdeckte Formen der Bewertung die Identität der Teilnehmer immer wieder in Frage stellt, Konkurrenz und Hierarchie fördert und zu Selbstdarstellung und strategischem Handeln anregt. Sie kann aber auch helfen die Haltungen aller Gruppenmitglieder wahrzunehmen, besser zu verstehen und als Bedingung für eigene Lernprozesse zu akzeptieren. Dazu müssen in der Gruppe Regeln eingeführt, und aufrechterhalten werden, die sicherstellen, dass sich alle auf den Spiel- und Reflexionsprozess einlassen können ohne Sanktionen befürchten zu müssen (vgl. Scheller 2004, S. 210 f.). Ängste vor den Reaktionen der Gruppe sollten daher bereits vor dem Spielbeginn abgebaut sein. Die Akzeptanz der Gruppe kann von einzelnen Personen missbraucht werden, um sich in der Gruppe Luft zu machen, ihr Problem abzuladen, und nicht ernsthaft an einer Verhaltensänderung mitzuarbeiten. Diese Gefahr besteht in jeder Gruppeninteraktion, sowohl im Rollenspiel als auch in der Gruppenernährungsberatung. Beispielsweise stellen egoistische Personen eine Gefahrenquelle dar. Risiko hierbei ist, dass die Gruppenarbeit behindert wird, wenn eine Person aus der Gruppe ihr eigenes Ich in den Mittelpunkt stellt und hauptsächlich über ihre eigenen Erlebnisse außerhalb der Gruppe spricht (vgl. Diedrichsen 1993, S. 68ff.).

Gefahr besteht auch bei egoistischen Personen im Rollenspiel, wenn keine Kooperationsbereitschaft vorhanden ist und übertriebene Selbstdarstellung im Vordergrund steht. Gemeinschaftliches Arbeiten und voneinander Lernen ist dann nicht möglich.

Mit dem Rollenspiel können entwicklungs- und erfahrungsbedingte Probleme aufgearbeitet und bewusst gemacht werden. Vorsicht ist geboten bei der Überschätzung der Methode und unrealistischen Erwartungen an dieses Spielverfahren. Die Grenzen des Rollenspiels lassen sich bei Über- und Fehleinschätzung der Lerneinstellung erkennen (vgl. Broich 1991, S. 12).

Für die Klienten ist die Beratungssituation im Allgemeinen neu und unvertraut. Deshalb ruft sie bei manchen Personen eine verstärkte Selbstkontrolle des Verhaltens hervor (vgl. Diedrichsen 1993, S. 34). Die Teilnehmer sind meist unsicher und im Zwiespalt zwischen Kontakt knüpfen und anonym bleiben (Günther 1997, S. 60). Dieses Problem kann sich auch im Rollenspiel ergeben. Hinzu kommt die Interaktion mit dem fremden Berater und anderen Klienten. Für gewöhnlich versuchen Klienten einen günstigen Eindruck auf den Berater zu machen (vgl. Diedrichsen 1993, S. 34). Oder die Klienten versuchen bei den Anwesenden eine möglichst positive Resonanz zu bekommen (vgl. Bliesener, et al. 1994, S. 22). Dabei zeigen sie Verhaltensweisen die sie in der Beratungssituation für vorteilhaft erachten. Die Echtheit in der Berater-Klienten-Interaktion leidet darunter (vgl. Diedrichsen 1993, S. 34). Dies stellt auch ein Risiko dar, wenn es in der EB eingesetzt werden soll, da völlig andere Motivationen dahinter stehen.

Das gleiche Phänomen des „Verstellens“ wird im Rollenspiel als Artefakt bezeichnet. Dieses untypische Verhalten von nichtnatürlichen Gesprächen wurde bereits im Punkt 2.6 erläutert und soll an dieser Stelle noch einmal aufgegriffen werden. Ein nichtnatürliches Gespräch darf nicht als natürlich behandelt werden. Rollenspiele können speziell darauf abzielen etwas über das eigene Verhalten zu lernen. Durch Artefakte im Verhalten besteht die Gefahr durch Feedback ein falsches Bild von sich selbst zu gewinnen. Aufgabe des Spielleiters ist es, die Verhaltensweisen welche ausschließlich im Rollenspiel und nicht in natürlichen Gesprächen vorkommen, zu korrigieren. (vgl. Bliesener, et al. 1994, S. 7).

Unnatürliches Verhalten kann durch zu starre Vorgaben im Rollenspiel hervorgerufen werden. Es beseht nicht nur die Gefahr, dass das Rollenspiel unnatürlich wird, sondern auch das es abgelehnt wird (vgl. van Ments 1983, S. 25). Regeln sind zwar wichtig, müssen jedoch in einem gewissen Rahmen modifizierbar sein (vgl. Nickel 2003, S. 6).

Die geschilderten Gefahrenpunkte lassen sich durch verschiedene Dimensionen erweitern. Sie entstehen durch unterschwelliges Kontaktinteresse, praxisferne äußere Umstände, verborgene Nebenziele wie Selbstdarstellung, Konkurrenz oder Unterhaltung, heimliche Lehrpläne des Trainers, wie bspw. Durchsetzungsvermögen anstatt Rhetorik zu trainieren (vgl. Bliesener, et al. 1994, S. 10). Dies alles kann zum Misslingen beitragen. Daher sollte den

Teilnehmern stets bewusst sein, aus welchem Grund sie an einer Gruppenberatung teilnehmen.

Eine weitere Gefahr im Beratungsprozess besteht darin, dass der Klient auf seinen Ernährungsberater so reagiert, als wäre dieser eine bekannte wichtige Beziehungsperson in der früheren Lebensgeschichte. Um dem vorzubeugen kann der Berater im Rollenspiel als Moderator auftreten und das Spiel von außen leiten. Somit läuft der Berater nicht Gefahr, dass der Klient seine Wünsche oder früheren negativen Erfahrungen auf ihn überträgt (vgl. Diedrichsen 1993, S. 35).
In einer Gruppe ist es häufig schwer, Freiwillige zu finden, die den Anfang machen. Entweder muss der Spielleiter die Protagonisten bestimmen oder durch ein Losverfahren ermitteln. Gefahr könnte hierbei sein, dass die Akteure sich zu einem Rollenspiel gezwungen fühlen, noch nicht dazu bereit sind und deshalb die Gruppendynamik gefährden. Stößt der Trainer auf Widerstand, so wirkt sich die schlechte Stimmung negativ auf die Gruppendynamik und auf das Verhalten aus. Dies wiederum kann zu untypischen Artefakten führen (vgl. Bliesener, et al. 1994, S. 27). Ebenso ist Vorsicht geboten bei der Auswahl der Rollenspieltypen. Das falsche Verfahren in einer bestimmten Gruppe anzuwenden kann entweder wirkungslos sein oder einen negativen Effekt erzeugen (vgl. van Ments 1983, S. 19). Rollenspiele sind zurückzuführen auf eine freiwillige Art des Handelns. Werden Spiele jedoch zu chaotisch, so nehmen die Akteure das Rollenspiel nicht ernst (vgl. Nickel 2003, S. 6).
Ebenso wie in der Ernährungsberatung, so sollten auch in dem Rollenspiel vorab die Erwartungen und Interessen geklärt werden. Es kann passieren, dass die Interessen der Beteiligten voneinander abweichen. Daher ist es wichtig, dass alle Beteiligten sich auf eine Zielsetzung einigen. Den Erwachsenen soll es ermöglicht werden ihre Interessen und Fähigkeiten in die Arbeitsgruppe einzubringen (vgl. Kramer 1981, S. 84).
Haben Spielleiter und Mitspieler unterschiedliche Erwartungen so kann dies negative Auswirkungen auf das Spiel haben. Das gleiche gilt, wenn der Spielleiter andere Voraussetzungen sich ausgedacht hat, als er bei seinen tatsächlichen Vorbereitungen und Aktivitäten sichtbar macht. Diese Vorüberlegungen sollten vom Spielleiter wohl bedacht sein und nehmen, ebenso wie das Rollenspiel selbst, viel Zeit in Anspruch (vgl. Schmidt 1988, S. 24).

Der Berater muss sich Gedanken zur Spielform und Überlegungen, ob der Spieltyp mit seinen Plänen übereinstimmt, machen. Dies gilt als Vorraussetzung, um mögliche Probleme zu erkennen und diesen vorzubeugen. Grund für das Misslingen von Rollenspielen ist häufig die Überladung der Themen. Es empfiehlt sich daher ein Rollenspiel so prägnant wie möglich zu gestalten. Das heißt es sollte ein bestimmter Zweck ins Auge gefasst und sich ganz und gar darauf konzentriert werden. Nicht nur der Zweck, sondern auch die Erklärung des Rollenspiels variiert je nach Zielgruppe. Das bedeutet, dass die Zielgruppe ausschlaggebend ist, wie ausführlich die Rechtfertigung für ein Rollenspiel ausfällt. Eine kaltblütige Ankündigung des Rollenspiels und die damit verbundene Aufforderung zu einer Handlung könnten bei den Teilnehmern Blockaden und Ängste erzeugen. Es empfiehlt sich die Methode in einer angemessenen Weise an die Teilnehmer heran zu tragen (vgl. van Ments 1983, S. 60ff.).

Teilweise versuchen die Spieler Rollen zu wählen, um sich selbst vor zu großer Betroffenheit zu schützen. Soll an einem eigenen Problem gearbeitet werden, dann sollte die aufgegriffene Situation vergangen sein, sodass die eigene Rolle nur erinnert wird. Das gleiche gilt auch für vorhandene Konflikte (vgl. Scheller 2004, S. 207).
Probleme können auch auftreten, wenn z.B. Ängste geweckt werden. Die Teilnehmer wissen, dass ihr Verhalten beobachtet wird. Daraus kann die Angst entstehen, dass sie von anderen durchschaut werden und das Rollenspiel läuft Gefahr zu eskalieren. Hier kann der Trainer entgegen wirken, indem er von Anfang an erklärt, dass es weder um eine Persönlichkeitsdiagnose mit psychologisierter Deutung, noch um eine Leistungsbewertung geht. Die geschilderten Ängste sollten bereits vor dem Rollenspiel besprochen und beseitigt werden, sodass die Teilnehmer frei und realistisch ihre Rolle finden und spielen können. Dazu ist es notwendig, dass der Trainer Respekt innerhalb der Gruppe sicherstellt und Diskretion bewahrt (vgl. Bliesener, et al. 1994, S. 27).

Wenn von Rollenspielen die Rede ist liegt auch eine negative Assoziation mit Täuschung oder Lüge nahe. Es ist allerdings deutlich darauf hinzuweisen, dass es nicht um ein Vorspielen unechter Emotionen geht. Sader (1986) betont die Realitätsnähe des Rollenspiels und seine Wirkung auf die Zuschauer und beteiligten Personen, bei denen sie bleibende Spuren im Alltag hinterlassen (vgl. Sader 1986, S. 21).

Weitere Probleme beim Rollenspiel entstehen, wenn ein Spieler die Rolle vorzeitig verlässt, eine ärmliche Darstellung oder Possenspielerei bietet, Langeweile oder Wiederholungen liefert oder keine Empathie zeigt. Weiterhin kann es zu Eskalationen von Gefühlen kommen. Tauchen Blockaden im Rollenspiel auf, so sind sie ein Indiz dafür, dass tatsächlich Probleme vorliegen. Der Spielleiter kann diese Probleme im Plenum besprechen und die dahinterstehenden Gründe transparent machen. Vor allem wenn der Gruppenleiter bemerkt, dass der Teilnehmer die Logik einer Situation nicht völlig erfasst hat oder das Spiel einen unerwarteten Verlauf nimmt, kann diese Methode eingesetzt werden (vgl. van Ments 1983, S. 108).

In der Praxis kann es dazu kommen, dass der Berater das Ernährungsproblem des Klienten nicht erkennt, da er den Klienten hindert seine Probleme in eigene Worte zu fassen (vgl.

Diedrichsen 1993, S. 32). Im Rollenspiel besteht die Möglichkeit, diese nicht nur in Worte zu fassen sondern diese weitgreifend in einer Handlung darzustellen. Hat der Spieler Probleme diese zu zeigen, so kann der Trainer ihn dabei unterstützen.
Genau wie bei der TZI, deren Schwerpunkt im Erlernen und Einüben von Problemlösefähigkeiten liegt (ebd. S. 66), so könnte auch das Rollenspiel als Methode ein Element sein, um die Beratungsmöglichkeiten zu erweitern.
Die hier dargestellten Ergebnisse erlauben sicherlich nicht, die Problematik simulierter Gespräche generell zu erfassen. Die abschließenden Bemerkungen verstehen sich darum eher als Vermutungen, die sich aus dem Vorhergesagten ergeben.

4 Fazit

Die Thematik ist keineswegs in ihrer gesamten Größe abbildbar oder auf einen allgemeingültigen Nenner zu bringen. Mit der vorliegenden Arbeit soll ein Einblick in das Thema gegeben werden.
Aus meiner Sicht lassen sich Rollenspiele als Instrument in die Gruppenernährungsberatung überführen, allerdings mit Vorbehalt.
In der Ausarbeitung wurden die verschiedenen Gefahrenpunkte dargestellt. Diese sollten auf jeden Fall bedacht werden. Wird das Rollenspiel also eingesetzt, so sollte unbedingt die Spielleiterqualifikation geprüft und vorhanden sein. Anderenfalls sollte lieber darauf verzichtet werden, da mit dem falschen Einsatz von Rollenspielen den Teilnehmern mehr Schaden zugefügt werden kann als durch eine reine Ernährungsberatung.
Traut der Berater sich das Szenario zu und verfügt über ausreichend Kompetenzen, so halte ich das Rollenspiel für eine abwechslungsreiche Methode, etwas über sich selbst zu erfahren und um verborgene Verhaltensweisen zu mobilisieren und einzuüben.
Wie bei den Parallelen aufgezeigt wurde, muss sich der Klient sowohl auf die Beratung, als auch auf ein Rollenspiel einlassen, Eigeninitiative zeigen und aktiv den Prozess mit gestalten. Bei Klienten die nicht beratungsfähig sind, wird es schwierig sein eine Bereitschaft für ein zielorientiertes und handlungsorientiertes Rollenspiel zu erhalten.
Beratungsfähig beinhaltet, dass Hilfe möglich ist, der Klient nicht gezwungen wurde, sondern aus Eigeninteresse handelt, bereit ist interaktiv den Beratungsprozess mit zu gestalten und in der Lage ist, eigenständig einen Lösungsweg zu beschreiten, ohne Abhängigkeit zu produzieren. Allerdings müssen die Klienten im Rahmen der Ernährungsberatung aufgrund der unterschiedlichsten Problem- oder Fragestellungen differenziert betrachtet werden. Es macht

einen großen Unterschied mit wem die Ernährungsberatung durchgeführt werden soll, ob es eine Gruppe von stillenden und schwangeren Frauen ist oder eine Gruppe adipöser Männer. Je nach Zielgruppe variiert sowohl der Rollenspieltyp als auch das Lernziel. Ausgehend von der Erörterung der Vor- und Nachteile von Rollenspielen in der Ernährungsberatung ist deren Anwendung möglich, solange die Vorraussetzungen wie ausreichend Zeit, Rollenspiel- und Beraterkompetenzen, sowie Beratungsfähigkeit seitens der Klienten vorhanden sind. Dies soll das folgende Beispiel verdeutlichen. Das Rollenspiel soll eingesetzt werden bei einer Gruppe übergewichtiger Frauen mittleren Alters, die eine Ernährungsberatung zur Gewichtsreduktion aufsuchen.

Nach einer kurzen Auflockerungs- und Kennenlernphase, wie sie in der Ernährungsberatung üblich ist, beginnen die Frauen in der Runde ihre Probleme zu schildern. Anschließen bietet sich die Möglichkeit die Konfliktsituationen durchzuspielen. Die Frauen entdecken sich in den gespielten Szenen der anderen Frauen wieder und merken, dass sie nicht alleine mit ihrem Problem sind. Die Anteilnahme am Geschehen und die aufgezeigten Parallelen motivieren die Teilnehmerinnen. Sehen die Frauen sich in einer anderen Person wieder, so wird das Zusammengehörigkeitsgefühl noch mehr gestärkt als dies bei einer bloßen Gesprächsberatung üblich wäre. Identifizieren sich die Beobachter mit den Spielern, so können sie als Außenstehende Rückschlüsse auf ihr eigenes Verhalten ziehen und ihre persönliche Situation besser erkennen. Besonders interessant wird es in der Auswertungsphase, wenn alle Frauen die Möglichkeit haben, ihren persönlichen Nutzen den sie aus dem Rollenspiel gezogen haben, mitzuteilen und auszutauschen.

Als Hausaufgabe für die nächste Sitzung könnten die Frauen kurze Stichpunkte zu einem Szenario aus ihrem Alltag notieren, welches sie in der folgenden Gruppenberatungssitzung behandeln möchten. Die Frauen, die geringe Schwierigkeiten mit dem vorgeschlagenen Problem haben, könnten demonstrieren, wie sie in einer solchen Situation mit dem genannten Konflikt umgehen. So könnte sich in einer zähen Phase die Frage erübrigen, wer im Rollenspiel beginnt.

Durch den Einsatz von Rollenspielen in der Ernährungsberatung können die Teilnehmer nicht nur die positiven Effekte aus der Gruppenarbeit, wie Zusammenhalt, Wir-Gefühl und gegenseitige Motivation nutzen, sondern die Spieler können auch verborgene Talente im Rollenspiel für sich entdecken. Meistern sie ein Problem im Rollenspiel, so trägt dieses positive Gefühl zur Selbststärkung bei. Nach dem Motto „Learning by doing“ können die Frauen Schritt für Schritt ihr Verhalten abändern. Da das Problem nicht nur in Gedanken, sondern auch in der Tat durchgespielt wird, fällt es den Teilnehmerinnen mit Sicherheit leichter, wenn es darum geht auch außerhalb der Beratungssitzung das Verhalten im Alltag umzusetzen.

Nicht nur in Ernährungs-, sondern auch in Sozialkompetenzen werden die Frauen gebildet und können so mit Konfliktsituationen, in denen das Ernährungsverhalten involviert ist, besser umgehen. Beispielsweise wenn es um ein Mittagessen geht und die Speisenauswahl zu einer Auseinandersetzung führt.

Hier besteht die Möglichkeit, dass die Frauen gemeinsam Lösungen erarbeiten. Jede kann ihr eigenes Erfolgsrezept beisteuern. Dabei lernen nicht nur die Spielerinnen während ihrer Handlung, sondern auch die Zuschauerinnen, die so mögliche Verhaltensweisen der Spielerinnen sehen, die ihren eigenen ähneln oder adaptiert werden.

Die in der Ausarbeitung getroffenen theoretischen Überlegungen sollten als Hinweis für die Rollenspielpraxis *im Ernährungsbereich dienen und könnten sicherlich auch* bei einer anderen Kohorte angewandt und auf verschiedene Themenbereiche ausgedehnt *werden.*

"*Menschen eignen sich am besten durch soziales Lernen ein dauerhaft gesundheitsbewusstes Ernährungsverhalten an. Die Einrichtung von Gesprächsgruppen in Verbindung mit individueller Ernährungsberatung ist heute ein oft beschrittener Weg, um Lösungen für Ernährungsprobleme gemeinsam zu erarbeiten, praktisch einzuüben und zu erproben.*" (vgl. Diedrichsen 1993, S. 2). Nach Dietrichsens Auffassung lernen Klienten am besten durch soziales Handeln. Wie könnte eine solche Situation besser umgesetzt werden, als durch ein Rollenspiel.

5 Zusammenfassung

Ernährungsprobleme sind häufig nicht alleine durch Aufklärung oder Informationsvermittlung rein kognitiv zu lösen (vgl. Diedrichsen 1993, S. 208). Vor allem muss den Teilnehmern die Möglichkeit geboten werden ihr Verhalten praxisbezogen zu analysieren. Das Rollenspiel ist ein geeignetes Medium um handlungsorientierte Lernprozesse einzuleiten und zu fördern. Rollenspiele werden in der Gegenwart immer häufiger als Instrument eingesetzt, da sie eine Vielfalt an Einsatzmöglichkeiten bieten. Außerdem besteht ein zunehmender gesellschaftlicher Bedarf in verschiedenen Bereichen. Beispielsweise ist auch die Anforderung an berufliche Qualifikation oder die Einübung persönlicher Fähigkeiten ein Einsatzfeld von Rollenspielen (vgl. Bliesener, et al. 1994, S. 13). Das vorrangige Ziel der Rollenspiele ist, den Teilnehmern die Möglichkeit zu bieten neues Verhalten zu erproben und Haltungen zu erwerben um somit neue Fähigkeiten zu erlernen (ebd. S. 213). In der Regel wird das Rollenspiel dazu verwendet einfache Fertigkeiten in der Kommunikation zu üben oder den Umgang mit anderen Personen sowie Verhalten oder tiefgehende Emotionen oder Blockaden zu analysieren. Geeignet sind die verschiedenen Arten bei der Einübung von Fertigkeiten der Sensibilisierung um die eigene Haltung oder Gefühle besser zu verstehen (vgl. van Ments 1983, S. 18). Im Allgemeinen ist zu sagen, dass Rollenspiele immer dann angebracht sind, wenn die Teilnehmer ihre eigenen Erfahrungen machen sollen und in eine spezielle Situation einbezogen werden, in der sie ihre eigenen Vorstellungen einbringen können. Rollenspiele können wie jedes andere Verfahren auch falsch eingesetzt werden. Die ganze Verantwortung trägt der Spielleiter, der sicherstellen muss, dass er über die Fähigkeiten und Voraussetzungen für einen sinnvollen Einsatz des Rollenspiels verfügt (ebd. S. 33). Den Spielern soll Gelegenheit gegeben werden, ihre Fähigkeit per Selbst-Beobachtung weiterzuentwickeln. Ebenso sollen tatsächliche Ereignisse mit den tatsächlichen Zielen abgeglichen und Schlussfolgerungen aus dem Verhalten gezogen werden. Zu dieser Phase gehören auch die Überprüfung des Verhaltens, die Anwendung auf andere Situationen und ein Plan für zukünftiges Handeln (ebd. S. 112).

Zentraler Punkt im Rollenspiel ist, dass alltägliche Aufgaben gelöst und bewältigt werden. Im Regelfall wird dabei auf vorhandene, bereits erworbene Kompetenzen und Fähigkeiten zurückgegriffen. Eine erfolgreiche Bewältigung der neuen Aufgaben baut also auf den bereits erworbenen Kompetenzen auf (vgl. Hechler 2010, S. 53). So wird die Möglichkeit zur Verhaltensänderung und zum Lernen eingeräumt (vgl. Nickel 2003, S. 7).

Die Verwendung von Rollenspielen kann nicht jedes Problem lösen, ist aber bei vielen Problemstellungen hervorragend geeignet den Betroffenen eine neue Lebensperspektive zu geben.

Literaturverzeichnis

Barz, André. (1998): Vom Umgang mit Darstellendem Spiel; Hannelore Prosche (Hrsg.); 1.Aufl. Volk und Wissen Verlag; Berlin.

Benecke, Monika, Miriam Hermann, Susanne Hipp. (2006): Prozessqualität der Ernährungstherapie und Ernährungsberatung, Band 2 Leitfaden für den Ttherapieprozess 1. Auflage, QEUETHEB, MED + ORG Alexander Reichert GmbH (Verlag); München.

Berg, Ilona, Bettina Hermey. (2001): Kommerzielle Ernährungsinterventionsprogramme; In: Olterdorf, Ulrich, Kurt Gedrich: Ernährungsziele unserer Gesellschaft; Die Beiträge der Ernährungsverhaltenswissenschaft, Karlsruhe.

Bliesener, Thomas et al. (1994): Rollenspiele in Kommunikations- und Verhaltenstrainings; Ruth Brons-Albert (Hrsg.) Westdeutscher Verlag GmbH; Opladen.

Broich, Josef. (1991): Rollenspiele mit Erwachsenen; RAST Spiel und Theater Köln e. V. (Hrsg.); Köln.

Büning-Fesel, Margret. (2004): Ernährungskultur - ein Thema in der Verbraucherbildung; In: Ernährungskultur: Land(wirt)schaft, Ernährung und Gesellschaft, Bonn Bad Godesberg.

Diedrichsen, Iwer. (1993): Ernährungsberatung; Psychologische Basiskonzepte; Verlag für Angewandte Psychologie; Göttingen.

Ewert, Friedrich. (2008): Themenzentrierte Interaktion (TZI) und pädagogische Professionalität von Lehrerinnen und Lehrern; Diss.; Johann-Wolfgang-Goethe-Universität Frankfurt am Main; Deutscher Universitäts-Verlag und VS Verlag für Sozialwissenschaften; GWV Fachverlage GmbH, Wiesbaden.

Geise, Wolfgang (1992):Möglichkeiten der Evaluation von Rollenspielen; In: Helmut Keim; Planspiel, Rollenspiel, Fallstudie; Zur Praxis und Theorie; Verein für Didaktik (Hrsg.), 1.Aufl.-Köln, Wirtschaftsverlag, Bachern.

Gölz, Claudia. (2002): Ernährungs- und Diätberatung; In: Praxis der Diätetik und Ernährungsberatung, 2. Aufl. Verband für Ernährung und Diätetik (VFED) e.V. (Hrsg.), Hippokrates Verlag, Stuttgart.

Gröning, Katharina. (2006): Pädagogische Beratung; Konzepte und Positionen; VS Verlag für Sozialwissenschaften; Wiesbaden.

Günther, Ulrike. (1997): Qualitätsmanagement in der Ernährungsberatung; Überlegungen anhand einer Evaluationsstudie; Zugl.: Gießen, Univ. Diss.; 17. Dez. 1996, Verlag für Akademische Schriften, Frankfurt am Main.

Hechler, Oliver. (2010): Pädagogische Beratung; Theorie und Praxis eines Erziehungsmitte; Stephan Ellinger. (Hrsg.); Kohlhammer Verlag GmbH; Stuttgart.

Hoffmann, Almut, Jenny Howald, Matthias Brandl, Susanne Blome, Tatjana Glampke, Willi Walter. (2001): Alltagskonflikte durchspielen; Rollenspiele für den Mediationsprozess, Verlag an der Ruhr, Bildungsteam Berlin-Brandenburg e.V. (Hrsg.?), Mühlheim an der Ruhr.

Jacobs, Heinz (2010): Ökonomie spielerisch lernen, Kompetenz gewinnen. Spiele, Rollenspiele, Planspiele, Simulationen und Experimente, Wochenschau Verlag, Schwalbach / Ts.

Jähnig, Birgit. (2001): Öffentlich geförderte Maßnahmen der Ernährungsverhaltensprävention; In: Oltersdorf, Ulrich, Kurt Gedrich: Ernährungsziele unserer Gesellschaft; Die Beiträge der Ernährungsverhaltenswissenschaft, Karlsruhe.

Keller, Georg, Michael Thiele (2004): Kommunikationspraxis für Ernährungsfachkräfte; Wissenschaftliche Verlagsgesellschaft, Stuttgart.

Kramer, Michael. (1981): Das praktische Rollenspielbuch; Theater als Abenteuer; Bruckhardthaus-Laetare Verlag GmbH; Gelnhausen; Berlin; Stein.

Merkle, Werner, Hartmut Knopf. (2005): Ernährungsverhalten und Ernährungsberatung; Schriftenreihe zur Entwicklung sozialer Kompetenzen; Band 5; G. Igl, H. Knopf und W. Merkle (Hrsg.); Rhombos-Verlag, Berlin.

Nickel, Frank Ulrich. (2003): Bewegen, Spielen, Darstellen, Verlag Karl Hofmann, Schorndorf.

Ochs, Dietmar, Bodo Steinmann. (1985): Planspiel: Staat und Wirtschaft, Verein für Didaktitk und Methodik des sozialökonomischen Unterrichts e.V. (Hrsg.), Wirtschaftsverlag Bachem GmbH, Köln

Pudel, Volker. (1991): Praxis der Ernährungsberatung; 2. überarbeitete Aufl.; Springer Verlag, Berlin, Heidelberg.

Pudel, Volker. (1982): Verhaltenstheoretische Grundlagen; In: Hans J. Teuteberg (Hrsg.); Ernährungserziehung und Ernährungsberatung; Schriftenreihe der Arbeitsgemeinschaft Ernährungsverhalten e. V., Band 3, Beiheft der Zeitschrift Ernährungs-Umschau; Berlin.

Sader, Manfred. (1986): Rollenspiel als Forschungsmethode, Westdeutscher Verlag, Opladen.

Sang, Jürgen. (1975): Reflektierte Rollenspiele, Untersuchungen zur Gegenwartliteratur, Peter Lang GmbH, Frankfurt am Main.

Schaller; Roger (2006): Das große Rollenspiel-Buch; Grundtechniken, Anwendungsformen, Praxisbeispiele; 2.Aufl. Beltz Verlag; Weinheim und Basel.

Scheller, Ingo. (2004): Szenisches Spiel; Handbuch für die pädagogische Praxis; Cornelsen (Hrsg.); Berlin.

Schmidt, Sabine. (1988): Rollenspiel, Fallstudie und Planspiel, Darstellung und Vergleich der Lehrmethoden, Rainer Hampp Verlag, München.

Schmidt, Thomas. (2009): Kommunikationstrainings erfolgreich leiten; Der Seminarfahrplan; Manager Seminare Verlag GmbH (Hrsg.?); Bonn

Schützenberger, Anne. (1976): Einführung in das Rollenspiel; Klett Verlag, Stuttgart.

Shaftel, Fanny, George Shaftel. (1974): Rollenspiel als soziales Entscheidungstraining, 2. Auflage, Ernst Reinhardt Verlag, München.

Spiekermann, Uwe. (2005): Von Ernährungszielen zu Leitbildern für den Alltag- Rückfragen aus kulturwissenschaftlicher Perspektive; In: Hayn, Doris, Claudia Empacher (2004) Ernährung anders gestalten; Leitbilder für eine Ernährungswende, München.

Van Ments, Morry. (1983):Rollenspiel effektiv; Ein leitfaden für Lehrer, Erziehen, Ausbilder und Gruppenleiter, London

Wendlandt, Wolfgang. (1977): Rollenspiel in Erziehung und Unterricht, 1. Auflage, Ernst Reinhardt Verlag, München.